JN007987

わかる図形科学

平野 元久・吉田 一朗【共著】

コロナ社

作図例（表記の規則は図 3.22 を参照）

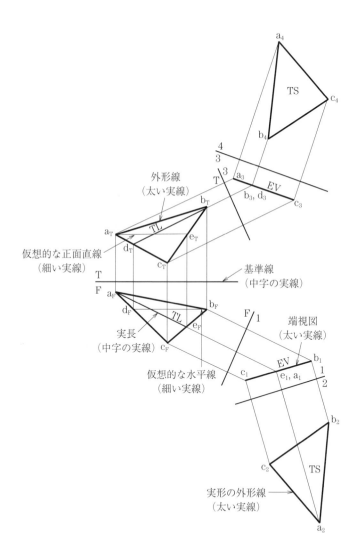

ま え が き

　図学は，図法幾何学（descriptive geometry）にその名の由来をもち，幾何学を学問的基盤としています。幾何学は，直角，平行などの図形の性質，例えば「円周上の任意の点と一つの直径の両端とを結ぶ直線はたがいに垂直である（円周角（タレス）の定理）」などの事柄を扱う数学の一分野です。図学は，18世紀フランスの建築・築城の技術振興に源流をもち，現代の機械製造の現場では製品の形状・寸法にこめられた設計者の意図を寸分たがわず描き尽くし，2次元の図面から3次元情報を読みとる図式解法として発展しました。

　わたしたちは，昔から着想やアイデアを絵図や図形として描きとめ，そのエッセンスを仲間にすみやかに伝える便利ツールとして重宝してきました。実用の現場では，機械部品や建築資材の形状・寸法の設計図面を担当者間で情報をやりとりする伝達手段として活用してきました。このような場面では，「見えるとおりに図を描く」ことと「物体形状を正確に紙の上に描く」ことは対極にありました。厳密にいうと，立体図形を平面上に正確に描くことは不可能なので，紙面の絵を立体的に見せるための遠近法などを活用し，見る人の立体想像力を借りて奥行き感を伝える技法が絵画などで取り入れられてきました。これに対し，機械製品を作る工場では，設計技師が描いた図面どおりに製品を作る必要があるので，図面には機械製品の寸法が寸分たがわず正確に描き尽くされていなければなりません。複雑な機械製品の形状を設計技師はどのように1枚の紙の上に表現するのでしょうか。

　本書カバーの図は，立体図形の作図方法を示しており，底円の直径と高さが同じ直円錐（頂点と底円の中心を結ぶ直線が直角）の中央を円錐の高さの半分の直径の円柱が貫通しています。本書で学ぶ内容は，同図の立体の形状寸法を正確に表す三面図（正面図，平面図，側面図）の作図法につながります。円錐の三面図を描くのは簡単です。正面図と側面図は三角形，平面図は頂点を中心とした円になります。横たわっている円柱の三面図を描くのも簡単です。正面図と側面図は長方形，側面図は円になります。しかし，円柱が貫通した円錐の

三面図を描くのは容易ではありません。円錐と円柱が交わるところが難しい曲線になり，この曲線の三面図を描くには立体的思考をフル稼働しなければなりません。このような作図は，物体を正しく三面図（本書では主投影図として説明）に描いたり，三面図から物体の形を読みとったりするための訓練として非常に役立ちます。機械工学などを学ぶ学生にとっては欠かせない演習科目の一つです。本書では，この作図法に至る図学の基礎を学びます。

　本書は，主として理工系の大学初年次生を対象とする図学の入門的教科書です。図学を学ぶ目的として，つぎの三つの学習目標を掲げます。第1の学習目標は，3次元空間にある物体形状を幾何学の論理をもとに図学の作図法に従って2次元の紙面に表現し，またこれとは逆に紙面に描かれた平面図形から物体の形状・寸法を読みとる「論理的思考力」を身につけることです。第2の学習目標は，平面図形から3次元物体を構成する空間にある点，直線，平面および立体間の幾何学的関係と配置を読み解く実習を重ね，紙面上の図面から製品の3次元情報を構築する「空間認識力」を修得することです。そして，第3の学習目標は，図形の性質の理解に必要な異なる二つのアプローチ，すなわち，解析幾何学の図形の方程式を用いる数学的記述と，図形のスケッチを用いて視覚・直感に訴える表現の二つの相補的な方法を操る「図形理解力」を養うことです。

　本書を執筆するにあたって著者が心がけたことは，基礎から応用，あるいは易から難に順をおって説明することです。図学の学問的基盤である幾何学を念頭において，図形のもつ表現力と図形から幾何学の論理を用いて図形情報を読み解き，また描きこむ図式解法を体験し，「図学は楽しい」と思っていただけたとしたら，本書の目的は達成できたといえます。第1章から第9章（およびWeb付録）を平野元久が担当し，第10章から第11章を吉田一朗が担当しました。

　本書は，法政大学理工学部機械工学科で行った講義ノートを整理し，講義の際に学生・受講生から受けた有用な質問，コメントを参考にしてできあがったものです。本書の発行にあたっては，コロナ社には懇切丁寧なご意見・アドバイスを頂き，これなくしては本書の発行は成し得なかったといえます。

　機械工学を学ぶうえで，また理工学全般の研究開発を進めるうえで，本書が読者に少しでも役立てば著者のこのうえない喜びであります。

　2022年3月

平野　元久

●本書の付録について●

　本書の各章で説明した図学の作図における幾何学の論理展開，図学の学問的基盤である幾何学のなりたち，17世紀，デカルトの座標の発明によって幾何学から誕生した解析幾何学をより広く理解するために，以下の付録の内容を下記の二次元コード，およびURLに掲載した関連資料より見られるようにしました。下記サイトには，本文の内容を深く理解するための演習問題を補足の章末問題として掲載しました。本文の章末問題と下記サイトの補足の章末問題の解答も与えておきました。これらの問題の作図の意味をよく理解し，まえがきに掲げた図学修得の三つの学習目標の達成に向けて，作図による論理の展開を「楽しみながら」基礎学力を身につけてください。

https://www.coronasha.co.jp/np/isbn/9784339046779/

目　　　次

第1章　図　学　の　基　礎

第2章　平　面　図　形

第3章　正投影と主投影

第4章　1 次 副 投 影

第5章　直　　　　　線

第6章　平　　　　　面

第7章　高次副投影

第8章　直線と平面の関係

第9章　平行と垂直

第 10 章　立体に関する相互関係（切断・相貫）

第11章　展　　　　　　　開

第1章 図学の基礎

　図学では，平面図形の作図によって物体の3次元幾何学情報を2次元の平面図形に描きこむ方法を学ぶ。さらに，これとは逆に2次元の紙面に描かれた平面図形から3次元幾何学情報を読みとり，物体を構成する点・直線・平面の相互の幾何学的関係や位置を測量する技法を学ぶ。本章では，平面図形に描きこめられた3次元幾何学情報を読み解く図学の図式解法を学ぶ。これにより，将来技術者として備えるべき能力として，論理的思考力・空間認識力・図形理解力を獲得することの意義を説明する。読者には，図学のさまざまな作図技法の修得によって図学と幾何学の基礎を固めてほしい。

1.1　図学と幾何学

　図学は，**図法幾何学**[†1]（descriptive geometry）にその名の由来をもち，幾何学を学問的基盤としている。図学は，特に自動車などの機械製造の「ものづくり」において必須となる部品の形状・寸法を表現するために，空間図形の3次元幾何学情報を2次元の平面図形に描きこむ方法としてフランスのモンジュ[†2]によって体系化された。図学では，紙面に描かれた平面図形の幾何学情報を，「目盛のない定規」と「コンパス」だけを用いて図式的に読みとる作図が行われる。

　幾何学は図形の性質を扱う数学の一分野である。図形とは，直角，平行線，たがいに接する二つの球など，点・直線・平面，そしてこれらの集まりのこと

[†1]　数学分野では，「画法幾何学」と訳された経緯がある。

[†2]　Gaspard Monge（1748-1818）はフランスの数学者である。当時の築城設計に必要な算術計算の代わりに，建築設計の図式解法として「図法幾何学」の基礎を築いた。著作，『図法幾何学概論』（Lecon de géométrie Descriptive）は図法幾何学の原典とされる。フランス皇帝 Napoléon（1769-1821）とも親交があり，数学者 Fourier（1768-1830）とともにエジプト遠征・調査に貢献した逸話がある。

をいう。図形の性質とは，「三角形の三つの内角の和はつねに 180° に等しい」であるとか，「円周上の任意の点と一つの直径の両端とを結ぶ直線はたがいに垂直である（円周角の定理）」などの事柄をいう。図学では，① 3 次元の物体を点・直線・平面，およびこれらで構成された立体から構成される図形として捉え，② これらの物体を「投影図（3.1 節を参照）」によって平面上に表現し，③ 定規とコンパスを用いた作図による平面図形（投影図）の分析によって，物体の構成要素（点・直線・平面）間のさまざまな幾何学的関係（平行・垂直など）を読みとる図式解法が示される。

　図学で用いる定規とコンパスによる直線と円弧の二つの基本的な作図は，幾何学における平面図形の基本の作図題（1.4 節を参照）である，「与えられた線分の垂直 2 等分線を引く」などの命題の証明に許される直線と円弧を引く作図と同等である。このように，図学は幾何学を基礎としており，本書の例題，章末問題で頻繁に行う直線と円弧の一つ一つの作図は，幾何学の命題の証明で積み重ねる一つ一つの論証に対応する。

　古代エジプト時代に**測量術**（surveying）[†1] として始まった幾何学[†2] は，古代ギリシアにおいて証明という手段によって事柄の正しさを導く精緻な数学として独自に発達した。こうして築き上げられた理論体系はユークリッド（Euclid，エウクレイデス）によって『原論』（Elements）としてまとめられた[†3]。『原論』では，「同じものに等しいものはまたたがいに等しい」とか「点から点へ直線が引ける」などの万人が共通して正しいと考える数項目のきわめて単純な前提，**公理**（axiom）を出発点としている。そして，これを基礎として徹底した証明の積み重ねによって別の新しい事実の正しさを示す論証の連鎖が展開され，壮大な知識体系[†4]

[†1]　古代エジプトではナイル河の氾濫があいつぎ，そのたびに土地を測り直す必要があって，測量術が発達し，これが幾何学の誕生をうながしたとされる。

[†2]　幾何（geometry）は，geo が「地」を表し，metry は「測る」ことから，全体として「測量術」を意味する。ジオメトリーという言葉が中国に伝わったとき，発音が似ているという理由で幾何という文字が当てられたといわれる。

[†3]　ギリシア数学において証明という手段が発達したのは，ギリシアにおける哲学のあり方，相手を説得する弁論術のあり方が背後にあったといわれる。相手との議論においておたがいが納得するためには，証明という方法が有効であったと考えられる。

[†4]　基本法則から論証によりいろいろな定理を導き出して集成される一つの学問体系である。

が構築された。この証明の考え方は真理探究の方法としてその後の学問の科学的方法の規範となり，学問とはなにをすることかの問いの解答を示した。

1.2　図形と図学

　人類は太古より着想・アイデアを絵図や図形として描きとめて記録し，これを他者との議論の素材としてきた。今日では，このような絵図や図形は，絵画，コンピュータグラフィックス，芸術写真，技術者のスケッチとして活用され，議論の際には，これらを用いてさまざまなアイデアのエッセンスを他者にすみやかに伝えることに重宝されてきた。実用の現場では，機械製造や土木・建築工事を進めるのに部品・資材の物体形状・構造を 2 次元平面の図として表す設計図面が，製品製造に携わる担当者間の情報伝達手段として活用されてきた。いうまでもなく，このような設計図面には設計者の意図を正しく作り手に伝えるために，製品形状は寸分たがわず描き尽くされていなければならない。わたしたちが普段目にする複雑な形状の寸法は，設計の現場ではどのように 1 枚の図面上に表現されるのであろうか。

　3 次元物体を紙面上に表現する方法は古くから工夫されてきた。その方法として，おもに二つの基本的な解決策が示された。そのうちの一つでは，1 枚の図面で 3 次元物体を表現することに主眼が置かれ，実物形状の大きさ・寸法の精度をある程度犠牲にし，物体を見えるままの形に変形して**見取図**（pictorial drawing）を描く方法がとられる。もう一つでは，実物の大きさを正確に表現することに重点を置き，複数の方向から見た**視図**（view），あるいは投影図を組み合わせる方法がとられる。前者は「透視投影」による**透視図**（perspective drawing）として発展し（3.2 節を参照），後者は今日の工業製図の基礎となる**多視図法**（multiview drawing）による「主投影図」として集成された（3.3 節を参照）。

　透視図は物体の形状を多くの説明を要せずに（直感的に）伝えるのに適しており，透視図として描かれた平面図形によって立体を表現する。**図 1.1** は遠

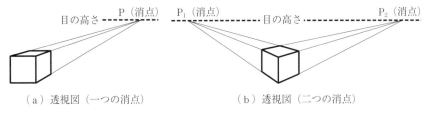

図 1.1　遠近法による透視図

近法（perspective）を取り入れて描いた立体図形を示す。図（a）では，立方体の前面，上面，右側面が見える。遠近法では手前の辺より遠い位置の奥側の辺を縮小して描くことにより奥行き感を表現する。したがって，手前の前面の各辺も奥にいくほど縮小され無限遠では無限小となり，これにより立方体の三つの辺の直線は 3 本とも一点 P（消点，vanishing point）に収束する（図（a））。消点 P は無限遠にいる観察者の立方体に対する視点ともいえる。このような透視図では形状表現において厳密性に欠けることは避けられない。図（a）の場合には，立方体の前面は手前側の観察者に正対するとして正方形に描かれるが，立方体の右側面が見えるということは手前側の観察者の視点は立方体に対して右側に偏っていることになる。そうすると，立方体の前面のうち右側の辺より左側の辺のほうが観察者よりも遠い位置にあり，このことから正方形の左側の辺は縮小されるべきことになるが，図（a）ではこのことは無視されている。図（b）では立方体の左側面も見えるように立方体を鉛直軸まわりに回転し，観察者は立方体の稜に対して正対し，左右の線と前後の線が別々の消点をもつ。この場合には，立方体の上面が見えるので観察者の視点は立方体よりも高い位置にある。つまり，立方体の上面の辺より下面の辺は視点より遠い位置にあることになるが，ここでは下面の辺は縮小されていない。このように，3 次元空間に配置する図形を 2 次元平面に正確に描き写すことは厳密には不可能であり，形状寸法を正確に伝えるために設計図面として透視図を用いることには不都合が伴う。

　この不都合を解消して設計図面を作成するには，平行光線による投影，すなわち「正投影（3.1 節を参照）」を複数の方向（視線）から行い，これによって得られる複数枚の投影図（視図）を組み合わせる**主投影**（principal projection）という方法がとられる†。ここで，3次元物体の例を**図1.2**に示す。この物体を前後，左右，上下の6方向から見るとすべての投影図は異なり，こうして得られる主要な投影図，すなわち「主投影図」は，**正面図**（front view），**平面図**（top view），**右側面図**（right-side view）を**図1.3**のように第三角法（3.3.3項を参照）によって，配置して構成される（図に記す記号 T, F, R, 基準線などについては図3.22を参照。D は投影面に対して置かれた物体の奥行き方向の位置（長さ）を示す）。

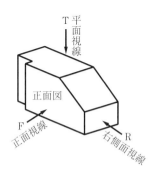

図1.2　3次元物体の例

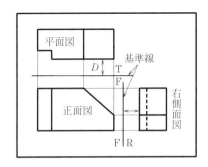

図1.3　3次元物体の主投影図（三面図）

1.3　図学を学ぶ意義

　図法幾何学（以下，図学と称する）によれば，ユークリッド幾何学を理論的基盤とした定規・コンパスを用いた図式解法により，立体を構成する空間における点・直線・平面および立体間で生じるさまざまな幾何学的関係，例えば，直線間の平行，垂直，交差，ねじれ（9.1節を参照）などのさまざまな幾何学情報を読み解くことが可能になる。製品でいえばその寸法・形状を測量するために主投影（第3章を参照）・副投影（第4章を参照）の作図によって，直線

---

† 　主投影図は基本的には物体（製品）の正面図，平面図，右側面図から構成され一般に三面図ともいわれる。

の**実長**（true length, TL），平面の**実形**（true size, TS）・**端視図**† （edge view, EV），直線間および直線と平面との**交点**（cross point），平面間の**交線**（cross line），そして立体の**断面**（cross section）などを求めることができる（表7.1を参照）。

　一方，現在では設計図面のみならず，図形・アニメーションのコンピュータグラフィックスは CAD（computer-aided design）をはじめとする設計製図ソフトウェアで手軽に扱えるようになり，図学の実用価値は可視化技術が身近になかった以前に比べて薄れていることは否めない。しかし，以下に掲げる将来の技術者・研究者として備えるべき基礎学力，すなわち論理的思考力，空間認識力，図形理解力の修得のために図学を学ぶ意義はおおいにある。

　論理的思考力　　ユークリッドの『原論』ではだれもが納得できる単純な前提（定義，公理（Web 付録を参照））を基礎として精緻な論理の連鎖を積み上げ，平面幾何学・立体幾何学から整数論に至る多くの定理の証明が示されている。これと同じように，図学ではだれが行っても同じ単純な作図作業である，定規とコンパスだけを用いて「2 点間の直線を引くこと」と「1 点を中心として円を描くこと」の二つの作図のみを用いて平面図形に描きこまれた幾何学情報を幾何学の論理に従って解き明かす。こうして，作図の公法（1.4 節を参照）と呼ばれる二つの基本の作図により，論理の欠落を徹底的に排除した精緻なユークリッド幾何学の論理の実技体験が可能になり，本書の例題を理解し章末問題を解くことによって，図式解法の成立原理を理解し，論理的思考力を鍛える格好のトレーニングを実行できる。

　空間認識力　　作図の実習では，図学の論理に沿って平面図形から 3 次元物体を構成する空間上の点，直線，平面および立体間の幾何学的関係を読み解く。この実習は，2 次元の設計図面から製品の 3 次元幾何学情報を読みとる能力を備えるための空間認識力の鍛錬となる。このような人間に備わる空間認識力はコンピュータでは実現困難な人間固有の能力であり，技術者による新製品・新原理開拓などの創造活動における機械の概念設計に重要な役割を演じる。これに加えて，将来の技術者は CAE（computer-aided engineering）に代

---

†　直線視図，縁視図とも訳される。

表されるディジタルエンジニアリング[†1]に精通し，創造設計に活用する技能修得も求められる。

図形理解力　解析幾何学では，空間にデカルト[†2]の発明による「座標」を導入し図形を方程式（球の方程式は $x^2+y^2+z^2=r^2$）で表す。コンピュータグラフィックスでは，図形の方程式から算出される図形の座標情報が線形代数で学ぶ線形変換によって処理され，ディジタル画像の拡大・縮小・回転などの図形変換は自在となる。**図 1.4** は，単純な方程式 $z=xy$ で表される曲面と円柱側面との交線によって切りとられる馬の鞍構造の複雑な曲面を示す。この曲面は**鞍点**（saddle point）を有し，ここではある方向に沿って極大となり別の方向に沿って極小となる。このように，3 次元曲面を解析幾何学の方程式を使えば単純に表現することは厳密に可能となるが，一方この曲面を 2 次元平面に概略図として正確に描くことは圧倒的に難しくなる。このように，式を見ただけではどのような図形を表すのか見当もつかないのに対して，厳密ではなくても概略図を用いて視覚に訴えれば図形の定性的性質の概略の理解は容易となる。一方，概略図からは判断しがたい図形の定量的性質は方程式に値を代入したり，微分したりすることでその詳細（例えば「鞍点」の位置）を明らかにすることができる。このように，図形の描画・スケッチと図形の方程式の解析は車の両輪のようにたがいに補い合う相補的関係にある。

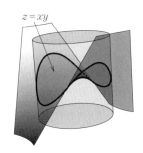

$z=xy$

図 1.4　$z=xy$ の曲面と円柱側面との交線で区切られた鞍点を有する曲面

[†1]　製造業において，CAD・CAE，3D プリンタなどの 3D 技術の活用から IoT（Internet of Things）や AI（artificial intelligence）などの最新技術を組み合わせて設計・生産を行う技術である。

[†2]　René Descartes（1596-1650）はフランスの哲学者，数学者である。幾何学については座標の発明により，図形を数式で表す解析幾何学の発展に貢献した。

1.4 作 図 の 基 礎

「与えられた線分の中点を求める」とか，「与えられた点を通り，与えられた線分に垂線を引く」，あるいは「与えられた角を 2 等分する」などのように，課せられた条件を満足する図形を描く問題を**作図題**（problem for geometric construction）という。図学で使用する器具は定規とコンパスに限定され，分度器などのほかの器具の使用は禁じられる。

三辺の長さが与えられた三角形の作図題は，「与えられた長さの線分 AB を任意の位置に引く」とか，「線分 AB の端点 A から AB の半径の円弧を描く」というような，きわめて普通の作図作業によって実現可能であり，初等幾何学によればこの作図題は常識的なこととして認めてしまいそうである。しかし，ユークリッド幾何学では上述の作図が可能であることを厳密に保証するために，だれもが同意できる自明の前提を出発点とし，これを基礎として論理を積み上げる論証がゆるぎない真理に到達するために不可欠と考える。科学の真髄は，「論理的に証明されたことは，いつ，どこで，だれが試しても同じ結果になること」である。

作図題を解くのに必要な基本の作図は以下の二つにすぎないことが証明されている。これらを**作図の公法**（postulate for construction）という。

公法 I　2 点を与えてそれらを線分で結ぶこと。および，線分を直線に延長すること。

公法 II　与えられた点を中心とし，与えられた線分に等しい半径の円を描くこと。

I は定規と鉛筆があればでき，II はコンパスがあればできる。幾何学の作図題では，作図の公法だけによって，課せられた条件を満足する図形を描くことが求められる。定規とコンパス以外の器具を用いるなど，I と II を基本としない作図は作図題の解答としない。例えば，「与えられた点を通り，与えられた直線に垂線を引く」という作図題については，三角定規の一辺を直線にあて，

これをすべらしほかの一辺に与えられた点がのるようにするというのは解答にならない。また，与えられた角を分度器で測って，これを写すことも解法でないとする。有限回の作図の組合せで完成する作図題を作図可能な問題という。

■ 作図の準備

例題 1-1　三角定規を使って平行線を引く───────────────

　　例題図 1.1 の（1）と（2）に示すように，与直線と与点を描いてから平行 2 直線を作図しなさい。

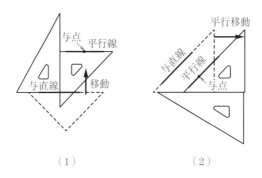

（1）　　　　　　　　　　　　（2）

例題図 1.1　三角定規を使って平行線を引く

解答

（1）　与直線の下に沿って三角定規を置き，もう一つの三角定規で直角を出す。直角を出した三角定規を動かさずにもう一つの三角定規を与点に沿って置き平行線を引く。

（2）　一つの三角定規を与直線に沿ってあわせ，もう一つの三角定規をその三角定規の下にぴったりとつけて手のひらで固定する。つぎに，上の三角定規を，固定した下の三角定規に沿って平行移動し，与点の位置に平行線を引く。

───────────────────────────────────────

例題 1-2　三角定規を使って垂線を引く───────────────

　　例題図 1.2 の（1）と（2）に示すように，与直線と与点を描いてから垂線を作図しなさい。

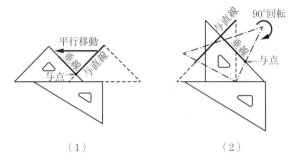

（1）　　　　　　　　　　　　　（2）

例題図 1.2　三角定規を使って垂線を引く

|解答|

（1）　三角定規の直角と定規の平行移動を用いて垂線を引く。

（2）　上に置いた三角定規を与直線にあわせ，つぎにその三角定規を 90° 回転して与点を端点とする垂線を引く。

1.5　基本の作図題

　幾何学の作図題の根幹である作図の公法 I と II によって，作図可能な作図題 1 〜 7 と，それぞれの解答図を以下に示す。作図題の解答としては，作図の方法を示し，これが要求される条件に適することを証明すればよい。しばしば，問題の解答がそれ以外にあるかどうか，条件によっては解答が複数あるかどうかの吟味が必要となる。

作図題 1　与えられた線分の長さを所望の位置に写す（図 1.5（a））

　［作図］適当な長さの線分 $\overline{AB}$ を引く（公法 I）。点 C から引いた半直線の上に $\overline{AB}$ の長さを写し，点 D を得る（公法 II）。

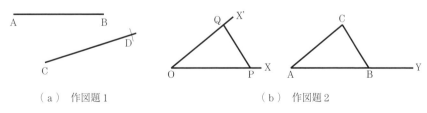

（a）　作図題 1　　　　　　　　　　（b）　作図題 2

図 1.5　作図題 1, 2

作図題 2　与えられた半直線を一辺として，与えられた角に等しい角を作る
（図 1.5（b））

［**作図**］与えられた半直線を AY，与えられた角を∠XOX' とする。OX，
OX' 上に任意の長さ OP, OQ をとり，P と Q とを結んで△OPQ をつくる（公法 I）。AY 上に OP と等しい線分 $\overline{AB}$ をとり，これを一辺として△OPQ に合同な三角形△ABC を $\overline{AC}=\overline{OQ}$, $\overline{BC}=\overline{PQ}$ となるようにつくる（公法 II）。∠BAC が求める角となる。

［**証明**］△ABC≡△OPQ である。したがって∠BAC＝∠XOX' となる。

作図題 3　与えられた線分の垂直 2 等分線を引く（図 1.6（a））

［**作図**］与えられた線分を $\overline{AB}$ とする。点 A を中心とし $\overline{AB}$ を半径とする円を描く（公法 II）。点 B を中心とし線分 $\overline{BA}$ を半径とする円を描く（公法 II）。この 2 円の交点 C, D を通る直線を引く（公法 I）。この直線が線分 $\overline{AB}$ の垂直 2 等分線となる。

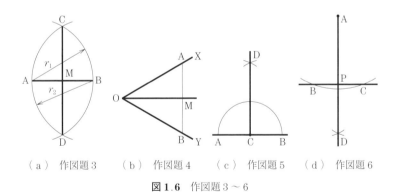

（a）作図題 3　　（b）作図題 4　　（c）作図題 5　　（d）作図題 6

図 1.6　作図題 3〜6

［**証明**］描いた 2 円は必ず交わる。なぜなら，2 円の半径 r_1, r_2 の和は $2\overline{AB}$，中心間の距離は $d=\overline{AB}$，半径の差は 0 だから 2 円が交わる条件 $r_1+r_2>d$ が満足される。$\overline{AC}=\overline{AD}=\overline{BC}=\overline{BD}$ であり四辺形 ADBC はひし形となる。したがって，対角線 $\overline{CD}$，$\overline{AB}$ はたがいに垂直でかつたがいに 2 等分する。ゆえに，線分 $\overline{CD}$ は $\overline{AB}$ の垂直 2 等分線である。

作図題4　与えられた角の2等分線を引く（図1.6（b））

［**作図**］与えられた∠XOY の辺 OX, OY の上に等しい線分 $\overline{\text{OA}}$, $\overline{\text{OB}}$ をとり（公法II），線分 $\overline{\text{AB}}$ を引き（公法I），その中点 M を求める。O と M を結ぶ直線を引けば（公法I），これが∠XOY の2等分線である。

作図題5　与えられた直線上の任意の点から垂線をたてる（図1.6（c））

［**作図**］点 C を中心として左右に同じ半径の弧を描き（公法II），AC＝CB とする。つぎに，それより少し大きい半径で点 A と B から弧を描き（公法II），その交点を D とすれば，CD は AB に対する垂線となる。

作図題6　与直線の外に位置する与点から与直線に垂線を引く（図1.6（d））

［**作図**］与点 A と，与直線上の任意の点 P とを結ぶ線分 $\overline{\text{AP}}$ より大きい線分を半径とする円を A を中心として描き，この円と直線との交点を B, C とする。BC の垂直2等分線を引けば（公法I）これは A を通るから AD は求める直線となる。

作図題7　与直線の外に位置する与点を通り，与直線に平行線を引く（**図1.7**）

［**作図a**］与直線 XX′ 上に任意の点 B をとり，与点 A と B を通る直線を引く（公法I）。錯角∠ABX と∠BAY′ が等しくなるように AY′ を引けば（公法I），直線 Y′AY が求める直線となる（図1.7（a））。

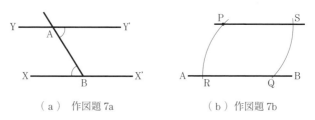

（a）　作図題7a　　　　　（b）　作図題7b

図1.7　作図題7

［**作図b**］与直線 AB 上に点 Q をとり，これを中心として与えられた点 P と Q とをむすぶ線分 $\overline{\text{QP}}$ を半径として円弧を描き（公法II），AB との交点 R を求める。P を中心として同半径の円弧を描き（公法II），その上に QS ＝RP の点 S をとれば PS は AB に平行となる。

例題 1-3 垂線をたてる───────────────────────────

以下の問いに答えなさい。

（1） **例題図 1.3**（a）の線分 $\overline{AB}$ 上の任意の点 P から垂線をたてなさい。

（2） 例題図 1.3（b）の線分 $\overline{AB}$ 上の端点から垂線をたてなさい。

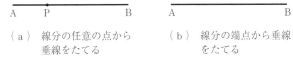

（a） 線分の任意の点から
　　　垂線をたてる

（b） 線分の端点から垂線
　　　をたてる

例題図 1.3 垂線をたてる

解答

（1） **例題図 1.4**（a）に示す $\overline{AB}$ 上の任意の点 P を通り線分 $\overline{AB}$ をよぎる任意の円 O を描く。直線 COD を引き PD を結ぶ。

（2） 例題図 1.4（b）に示す $\overline{AB}$ の端点 B を通り $\overline{AB}$ をよぎる任意の円 O を描く。直線 COD を引き BD を結ぶ。

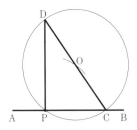 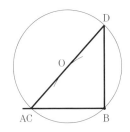

（a） 線分の任意の点から
　　　垂線をたてる

（b） 線分の端点から
　　　垂線をたてる

例題図 1.4 垂線をたてる

章 末 問 題

【1.1】 問題図 **1.1** について，以下の問いに答えなさい。

（ 1 ） 線分 $\overline{AB}$ の長さを点 C からのばす半直線上にとりなさい（問題図（ a ））。

（ 2 ） ∠BAC の大きさ θ を D を頂点とする角に写しなさい（問題図（ b ））。

（ 3 ） 線分 $\overline{AB}$ の垂直 2 等分線を引きなさい（問題図（ c ））。

（ 4 ） ∠CAB を 2 等分しなさい（問題図（ d ））。

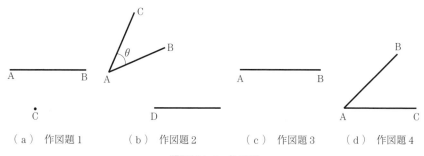

（ a ） 作図題 1   （ b ） 作図題 2   （ c ） 作図題 3   （ d ） 作図題 4

問題図 1.1   作図題

【1.2】 問題図 **1.2** について，以下の問いに答えなさい。

（ 1 ） 線分 $\overline{AB}$ の任意の点から垂線をたてなさい（問題図（ a ））。

（ 2 ） 点 C から線分 $\overline{AB}$ 上に垂線をおろしなさい（問題図（ b ））。

（ 3 ） 点 A を通り，直線 l に平行な線分 m を作図しなさい（問題図（ c ））。

（ 4 ） 点 P を通り，線分 $\overline{AB}$ に平行な直線を作図しなさい（問題図（ d ））。

（ a ） 作図題 5   （ b ） 作図題 6   （ c ） 作図題 7a   （ d ） 作図題 7b

問題図 1.2   作図題

第2章 平面図形

　平面図形を扱う平面幾何学ではコンパスと定規だけを用いて条件を満たす図を正確に描くことが求められる。16世紀の絵画『アテネの学堂』（ラファエロ作，バチカン宮殿所蔵，遠近法が用いられている）には，ギリシャ時代の哲学者とともにコンパスで図形を描くユークリッドが画かれている。図学では図形間の幾何学関係の解明のために丁寧かつ慎重な作図作業が求められる。本章では図学と幾何学の基礎を身につけるために，1，2次元の平面図形として直線図形，三角形，正多角形，円弧などの作図法と，円錐曲線，転跡線，螺線などの平面曲線の性質と作図法を学ぶ。

2.1　直　線　図　形

2.1.1　比　　例　　尺

　与直線の長さの n/m 倍や $\sqrt{n}$ 倍の長さを図式解法により求める図形を**比例尺**（ratio scale）という。比例尺の基礎となる**比例論**（theory of proportionality）の出発点となる定理が**中点連結定理**（midpoint theorem）である。

役立つポイント1： **中点連結定理**

　△ABC の辺 AB，AC の中点をそれぞれ点 M，N とする（**図1**）。このとき

$$MN /\!/ BC \quad かつ \quad MN = \frac{1}{2} BC$$

が成り立つ。

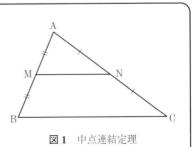

図1　中点連結定理

［1］　線分の n 等分（図2.1）　　図2.1の線分 $\overline{\mathrm{AB}}$ を n 等分（ここでは $n=7$）するには点 A を通る任意の直線 AC 上に $\overline{\mathrm{A1'}}=\overline{\mathrm{1'2'}}=\overline{\mathrm{2'3'}}=\cdots=\overline{\mathrm{5'6'}}=\overline{\mathrm{6'7'}}$ の点 1', 2', 3', $\cdots$, 6', 7' をとり，7' と点 B を結ぶ。つぎに $\overline{\mathrm{B7'}}$ に平行線 $\overline{\mathrm{6'6}}$, $\overline{\mathrm{5'5}}$, $\cdots$, $\overline{\mathrm{2'2}}$, $\overline{\mathrm{1'1}}$ を引き，線分 $\overline{\mathrm{AB}}$ 上に点 6, 5, 4, $\cdots$, 2, 1 を求めると，これらが $\overline{\mathrm{AB}}$ の 7 等分の点を与える。

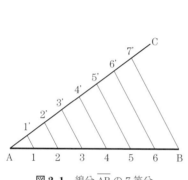

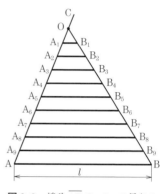

図2.1　線分 $\overline{\mathrm{AB}}$ の7等分

図2.2　線分 $\overline{\mathrm{AB}}$ の n/m の長さの比例尺（$m=10$）

［2］　与長 l の n/m の長さの比例尺（図2.2）　　図2.2に示すように，与長 l の線分 $\overline{\mathrm{AB}}$ の n/m の長さの比例尺を作図する。点 A より任意の方向に引いた AC 上に，等間隔に m 個の点（ここでは $m=10$）を，$\overline{\mathrm{AA_9}}=\overline{\mathrm{A_9A_8}}=\cdots=\overline{\mathrm{A_1O}}$ となるようにとり，点 O と B を結ぶ。点 A_i（$i=1\sim9$）の各点から $\overline{\mathrm{AB}}$ に平行線を引くと，例えば $\overline{\mathrm{A_2B_2}}$ の長さは $(2/10)\cdot l$ となる。

［3］　与長 l の n/m の長さの比例尺：$m=m_1\times m_2$ と分割できるとき（図2.3）　　比例尺 n/m の m が $m=m_1\times m_2$ と分割できるときに成り立つ方法である（ここでは $m=30$）。分母 m の 30 を 5×6 の形に分解し，図2.3のように縦軸（任意の高さ）を 5 等分，横軸（与長 l の線分 $\overline{\mathrm{AB}}$）を 6 等分して長方形の枠を作図する。例えば，図中の $\overline{\mathrm{PQ}}$ は $(22/30)\cdot l$ となる。

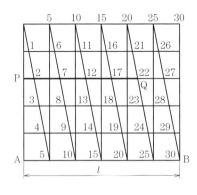

図 2.3　線分 $\overline{AB}$ の 22/30 倍の長さ
　　　　の比例尺

［4］　線分の $\sqrt{n}$ 倍の長さ（図 2.4）　　　線分 $\overline{AB}$ の $\sqrt{n}$ 倍の長さは，図 2.4
の $\overline{AC}$, $\overline{AD}$, … を式（2.1）の三平方の定理により，くり返し作図して求まる。

$$\overline{BP}\perp\overline{AB}, \ \ \overline{BP}=\overline{AB}\Longrightarrow \overline{AC}=\overline{AP}=\sqrt{2}\ \overline{AB}$$

$$\overline{CQ}\perp\overline{AC}, \ \ \overline{CQ}=\overline{AB}\Longrightarrow \overline{AD}=\overline{AQ}=\sqrt{3}\ \overline{AB}$$

$$\overline{DR}\perp\overline{AD}, \ \ \overline{DR}=\overline{AB}\Longrightarrow \overline{AE}=\overline{AR}=\sqrt{4}\ \overline{AB}$$

$$\overline{ES}\perp\overline{AE}, \ \ \overline{ES}=\overline{AB}\Longrightarrow \overline{AF}=\overline{AS}=\sqrt{5}\ \overline{AB} \qquad (2.1)$$

$$\overline{FT}\perp\overline{AF}, \ \ \overline{FT}=\overline{AB}\Longrightarrow \overline{AG}=\overline{AT}=\sqrt{6}\ \overline{AB}$$

$$\overline{GU}\perp\overline{AG}, \ \ \overline{GU}=\overline{AB}\Longrightarrow \overline{AH}=\overline{AU}=\sqrt{7}\ \overline{AB}$$

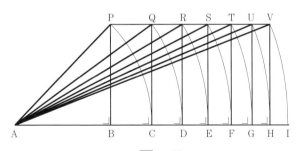

図 2.4　線分 $\overline{AB}$ の $\sqrt{n}$ 倍の長さ

［5］　線分の $1/\sqrt{n}$ 倍（図 2.5）　　　図 2.5 に示すように，線分 $\overline{AB}$ の $1/\sqrt{n}$
倍の長さは $\overline{AB}$ を 1 辺とする正方形 OABM を作図し，$\overline{AC}$, $\overline{AD}$, … を式（2.2）
により，くり返し作図して求まる。

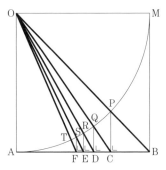

$$\overline{OP} = \overline{OA}, \quad \overline{PC} \perp \overline{AB} \Longrightarrow \overline{AC} = 1/\sqrt{2}\ \overline{AB}$$

$$\overline{OQ} = \overline{OA}, \quad \overline{QD} \perp \overline{AB} \Longrightarrow \overline{AD} = 1/\sqrt{3}\ \overline{AB}$$

$$\overline{OR} = \overline{OA}, \quad \overline{RE} \perp \overline{AB} \Longrightarrow \overline{AE} = 1/\sqrt{4}\ \overline{AB}$$

$$\overline{OS} = \overline{OA}, \quad \overline{SF} \perp \overline{AB} \Longrightarrow \overline{AF} = 1/\sqrt{5}\ \overline{AB}$$

(2.2)

図 2.5 線分 $\overline{AB}$ の $1/\sqrt{n}$ 倍

2.1.2 角 の n 等 分

図 2.6 のように，∠AOB を n 等分（ここでは $n=3$）するには，AO の延長上に $\overline{AO} = \overline{CO}$ の点 C をとる．つぎに，$\overline{AC} = \overline{AD} = \overline{CD}$ の点 D をとる．$\overline{AO} = \overline{BO}$ の点 B と D を結び，AC との交点を点 E とする．$\overline{AE}$ を 3 等分し（図2.1を参照），その等分点を 1，2 とする．点 D と点 1，2 を結び，$\overline{D1}$，$\overline{D2}$ の延長線が半径 $\overline{OA}$ の円弧 $\overparen{AB}$ と交わる点 1'，2' を求めれば，O1'，O2' が∠AOB の 3 等分線を与える．この作図法は近似法である．

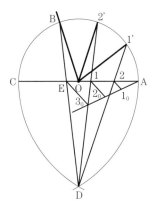

図 2.6 角（∠AOB）の 3 等分

2.1.3 三 角 形

[1] 三角形の5心（図2.7）   三角形の5心とされる**重心**（center of gravity），**垂心**（orthocenter），**外心**（circum center），**内心**（incenter），**傍心**（excenter）は以下に示す性質をもつ。図2.7はこれらの作図法を示す。

（a） 重心 G は三つの中線 AM_1，BM_2，CM_3 の交点である。$\overline{AG} = 2\overline{GM_1}$，$\overline{BG} = 2\overline{GM_2}$，$\overline{CG} = 2\overline{GM_3}$ となる。

（b） 垂心 H は三つの垂線 AH_1，BH_2，CH_3 の交点である。鈍角三角形の

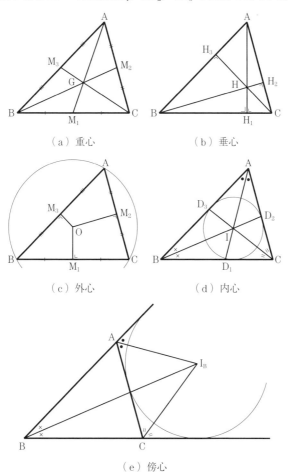

（a）重心   （b）垂心

（c）外心   （d）内心

（e）傍心

図2.7 三角形の5心

場合には図（b）のHとA，あるいはHとB，あるいはHとCが
それぞれ交換された図となり，この場合点A，B，Cはそれぞれ△
HBC，△HCA，△HABの垂心となる。

（c） 外心Oは各辺の垂直2等分線の交点である。△ABCの外接円の中
心であり，$\overline{OA}=\overline{OB}=\overline{OC}$となる。

（d） 内心Iは3頂角の2等分線$\overline{AD_1}$，$\overline{BD_2}$，$\overline{CD_3}$の交点である。△ABC
の内接円の中心である。

（e） 傍心I_A，I_B，I_Cは，一つの頂角とほかの頂角の外角の2等分線の交点
として求まる。傍接円の中心となる。図（e）は∠Bの傍心I_Bを示す。

［2］ **正方形に内接する正三角形（図2.8）**   図2.8は，正方形PQRSの
辺$\overline{PQ}$上の一点Aを頂点とする内接正三角形ABCの作図を示す。$\overline{AQ}$を一辺
とする正三角形AQDの頂点Dにおいて$\overline{AD}$に垂線をたて，これが正方形の辺
と交わる点を点C，さらに$\overline{AC}=\overline{BC}$となる点を点Bとして正三角形ABCを描く。

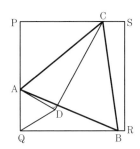

図2.8 正方形PQRSに内接する
正三角形ABC

［3］ **三角形と等積の正三角形（図2.9）**   図2.9は，与えられた三角形

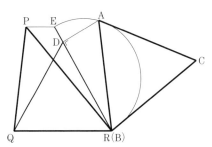

図2.9 三角形PQRと等積の
正三角形ABC

PQR と等積の正三角形 ABC の作図を示す。$\overline{QR}$ を一辺とする正三角形 DQR の頂点 D において $\overline{DR}$ に垂線をたて，$\overline{RE}(\overline{PE}\parallel\overline{QR})$ を直径とする円周との交点を点 A とする。$\overline{AR}$ は求める正三角形の一辺の長さとなり，$\overline{AR}=\overline{AB}$ を一辺とする正三角形 ABC を描くことができる。

2.1.4　正 五 角 形

［1］　与えられた線分を一辺とする正五角形と黄金比（図2.10）　　図2.10 に示す線分 $\overline{AB}$ を一辺とする正五角形 ABCDE を作図する。$\overline{AB}$ の垂直2等分線上に $\overline{ML}=\overline{AB}$ となる点 L を求め，つぎに $\overline{AL}$ の延長線上に $\overline{LN}=\overline{AM}$ となる点 N を求める。つぎに，$\overline{ML}$ の延長線上に $\overline{AD}=\overline{AN}$ となる点 D を求め，$\overline{AN}=\overline{AC}$，$\overline{BC}=\overline{AB}$ となる点 C と，$\overline{BE}=\overline{BD}$，$\overline{AE}=\overline{AB}$ となる点 E を求め，これらの点を結び正五角形 ABCDE を得る。このとき正五角形の対角線 $\overline{AD}$ の長さは，$(\sqrt{5}+1)\overline{AB}/2$（黄金比）となる。

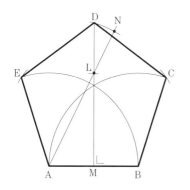

図2.10　線分 $\overline{AB}$ が与えられた正五角形 ABCDE

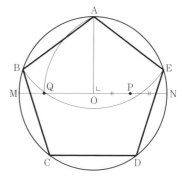

図2.11　円 O に内接する正五角形 ABCDE

［2］　円に内接する正五角形（図2.11）　　図2.11 は円 O に内接する正五角形 ABCDE の作図を示す。半径 $\overline{AO}$ に垂直な直径を $\overline{MN}$ とし，$\overline{ON}$ の中点を P，$\overline{PQ}=\overline{PA}$ となる点 Q を求め，点 A を中心，$\overline{AQ}$ を半径とする円弧と円周 O との交点を B，E とする。$\overline{AB}$，$\overline{AE}$ は求める内接正五角形の一辺の長さを与え，この長さで円周を切ることにより内接正五角形 ABCDE を得る。

2.1.5 正 *n* 角 形

[**1**] **与えられた線分を一辺とする正 *n* 角形（図 2.12）**   図 2.12 に示す
ように，$\overline{AB}$ の垂直 2 等分線を引き，線分 $\overline{AB}$ との交点を C とする。点 A を中
心として半径 $\overline{AB}$ の円弧を描き，2 等分線との交点を O とし線分 $\overline{AO}$ を 6 等分
する。点 O と等分点 1 との線分 $\overline{O1}$ を半径として円弧を描く，線分 $\overline{OC}$ の延長
線との交点を O_1 とする。以下同様に，点 O と等分点 2，3，4，5 との線分
$\overline{O2}$，$\overline{O3}$，$\overline{O4}$，$\overline{O5}$ を半径として円弧を描き，線分 $\overline{OC}$ の延長線との交点をそれ
ぞれ O_2，O_3，O_4，O_5 とする。点 O は正六角形，点 O_1 は正七角形，点 O_2 は正
八角形，…のそれぞれの正多角形の外接円の中心となる。

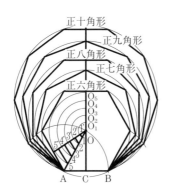

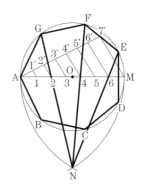

図 2.12 線分 $\overline{AB}$ を一辺と   **図 2.13** 円 O に内接する
する正 *n* 角形   正七角形

[**2**] **円に内接する正 *n* 角形（図 2.13）**   図 2.13 に示すように，点 O を
中心に半径 $\overline{OA}$ の円を描く。線分 $\overline{AM}$ を正 *n* 角形の辺数に応じて *n* 等分する（こ
こでは *n* ＝ 7）。点 A を中心として半径 $\overline{AM}$ の円弧を描き，同様に点 M を中心
に半径 $\overline{AM}$ の円弧を描き，これらの円弧の交点を N とする。交点 N と点 2 を
結んで延長し，円 O との交点を G とすれば，$\overline{AG}$ は正七角形の一辺を与える。

2.2 円 と 円 弧

■ 円の作図

［**1**］　**1点を通り2直線に接する円**（**図2.14**）　　図2.14に示すように，∠BAC の2等分線を引き，AC から r の距離に平行線 DE を引く。2等分線と平行線の交点 G は∠BAC に接する半径 r の円の中心となる。

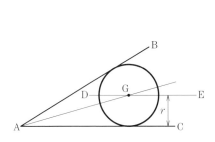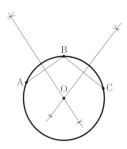

図2.14　1点 G を通り2直線 AB，AC に
接する円

図2.15　3点 A，B，C
を通る円 O

［**2**］　**3点を通る円**（**図2.15**）　　図2.15に示すように，任意の点 A，B，C を定める。AB，BC を結び，それぞれの垂直2等分線を引く。それぞれの垂直2等分線の交点を点 O とすると，交点 O は点 A，B，C を通る円の中心となる。

■ 円の接線

［**3**］　**円外の点からの接線**（**図2.16**）　　図2.16に示すように，任意の半径の円 O と点 P を描く。直線 OP の垂直2等分線を求め，OP を直径とする円を描く。交点 Q が接点となり，直線 QP は点 P から円 O に引いた接線となる。

［**4**］　**円弧への接線**（**図2.17**，**図2.18**，**図2.19**）　　図2.17に示すように，円弧 $\overparen{\mathrm{BAC}}$ の中央に近い点で接線を作図するには，接点 A を中心に弧の両側に点 B，C をとり，線分 $\overline{\mathrm{BC}}$ を引くと，点 A における接線は線分 $\overline{\mathrm{BC}}$ と平行となり，

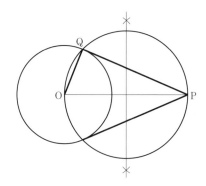

図 2.16　円外の点 P から円 O への
　　　　　接線

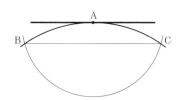

図 2.17　円弧 $\overgroup{\mathrm{BAC}}$ の中心に近い
　　　　　点 A での接線

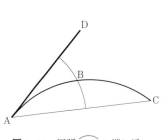

図 2.18　円弧 $\overgroup{\mathrm{ABC}}$ の端に近い
　　　　　点 A での接線

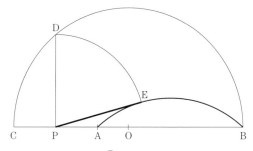

図 2.19　円弧 $\overgroup{\mathrm{AB}}$ の外の点 P からの接線

点 A での接線が求まる。

　図 2.18 に示すように，円弧の端に近い点での接線を作図するには，接点 A から弧の上に等しく点 B，C をとり，∠BAC ＝ ∠BAD となるよう直線 AD を作図すれば直線 AD は円弧の接線となる。

　図 2.19 は円弧の外の点 P から接線を引く作図法を示す。与えられた円弧外の点 P をとり，弧に 2 点で交わる割線 PAB を引く。ここで接線の長さを PE とすると，$PE^2 = PA \cdot PB$ の関係から PE の長さを求める。BAP の延長線上に点 C を PA ＝ PC にとる。つぎに BC を直径とする半円を描き点 P からたてた CB への垂線との交点を D とすると，$PD^2 = PC \cdot PB = PA \cdot PB = PE^2$ となるので，PD に等しく PE を円弧上にとれば，点 E は接点となる。

■ 2円の共通接線

[**5**] **2円の共通外接線（図2.20）**　図2.20に示すように，円Oの半径 r の円の中に円O'の半径 r' を引いた半径 $r-r'$ の円O"を円Oと共通の中心を もつように作図する。円O'の中心から円O"に接線を図2.16の接線の作図法 により引き，接点Aを求める。求めるべき円Oと円O'の共通外接線は，引い た接線AO'と平行になる。点Bから円O'に接線を引くには，図2.16の作図 法を用いて点B'を求める。もう一つの共通接線についても同様の手順を用い て点D，D'を作図して求める。これらの共通外接線が円の中心点と接点を結 ぶ直線と直角になっていることを確認する。

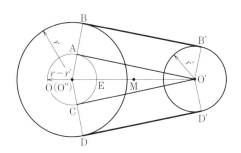

図2.20　2円O，O'の共通外接線

[**6**] **2円の共通内接線（図2.21）**　図2.21に示すように，円OとO'の 半径を r，r' とする。これらの半径を加えた半径 $r+r'$ の円O"を円Oと共通の

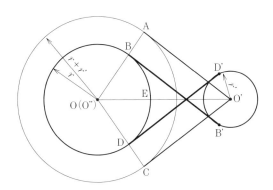

図2.21　2円O，O'の共通内接線

中心をもつように作図する。円 O' の中心から円 O" に接線を図 2.16 の作図法
により引き,接点 A を求める。直線 OA と円 O との交点 B を求め,点 B から
円 O' への接線を引けば,共通内接線 BB' が求まる。もう一つの共通内接線に
ついても同様の手順により,点 D,D' を作図して求める。

■ 円に接する円

[7] 2点を通り与円に接する円（図 2.22） 図 2.22 に示すように,与
円を A とする。与点 P,Q を通る任意の円を描き,円 A との交点を B,C とす
る。直線 PQ と BC の交点 D を求め,点 D より円 A に接線 DE と DH を引けば,
E と H はそれぞれ条件を満たす円と与円 A との接点である。AE と PQ の垂直
2 等分線 FG との交点として円の中心 O_1 が求まる。AH と FG の交点として,
もう一つの円の中心 O_2 が求まる。

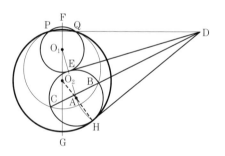

図 2.22 2 点 P,Q を通り与円 A
に接する円

[8] 1点を通り2円に接する円（図 2.23） 図 2.23 に示すように,与
点を P とする。与円 A,B の中心を結ぶ直線 AB と円 A,B の交点をそれぞれ
点 C,D とする。つぎに円 A と円 B の共通接線を求め,AB との交点を E とす
る。3 点 P,C,D を通る円を描き,PE との交点を Q_1 とすれば,この問題は
2 点 P,Q_1 を通り円 A（または円 B）に接する円を求める [7] に帰着する。
こうして条件を満たす円 O_1 と円 O_2 が求まる。

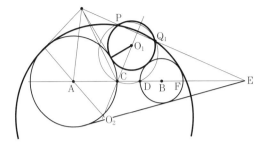

図 2.23　1 点 P を通り 2 円 A, B に接する円

［9］　2 円に外接する半径 r の円（図 2.24）　　図 2.24 は二つの円 O_1 と O_2 に外接する円 O の作図を示す。円 O_1（半径 r_1）の点 O_1 を中心として半径 $r+r_1$ の円弧を描く。同様にして，円 O_2（半径 r_2）の点 O_2 を中心として半径 $r+r_2$ の円弧を描き交点 O を求める。交点 O は 2 円に外接する円 O（半径 r）の中心を与える。

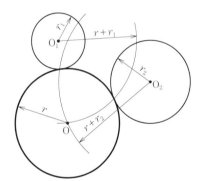

図 2.24　2 円 O_1, O_2 に外接する
半径 r の円

［10］　3 円に接する円（図 2.25）　　図 2.25 は与円 A, B, C に接する円 O_1 を示す。与円の半径はそれぞれ r_A, r_B, r_C であり，$r_A>r_B>r_C$ として円 C を最小とする。点 A, B を中心として，半径を (r_A-r_C)，(r_B-r_C) の円を描くと，この問題は 1 点 C を通り二つの円すなわち点 A, B を中心とし半径をそれぞれ (r_A-r_C)，(r_B-r_C) とする 2 円に接する［8］に帰着する。これにより円 O_1 の作図が可能となる。

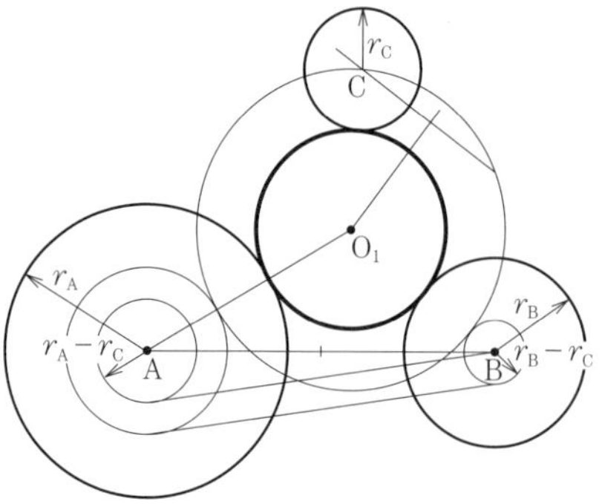

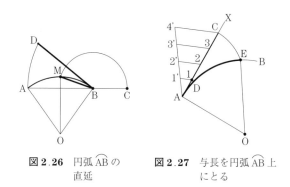

図2.25　3円A, B, Cに接する円
（アポロニウスの問題）

■　円弧の直延

［11］　円弧の直延（図2.26）　　図2.26に示すように，円弧$\overset{\frown}{\text{AB}}$の中点M
とABの延長線上にBC＝BMとなる点Cをとる。点Bからの接線と半径CA
の円との交点をDとすると$\overset{\frown}{\text{AB}}≒$BDとなる。

図2.26　円弧$\overset{\frown}{\text{AB}}$の
　　　　直延

図2.27　与長を円弧$\overset{\frown}{\text{AB}}$上
　　　　にとる

［12］　与長を円弧上にとる（図2.27）　　図2.27に示すように，点Aより
接線AXを引き，この上に与長ACをとる。ACの4等分点Dをとり点Dを中
心としてDCを半径とする円弧を描き，与えられた円弧$\overset{\frown}{\text{AB}}$との交点をEとす
るとAC≒$\overset{\frown}{\text{AE}}$となる。

［13］　1ラジアンの作図（図2.28）　　図2.28に示すように，任意の円O
の円周上に円弧$\overset{\frown}{\text{AX}}$をとる。AB＝AO，∠OAB＝90°，AC＝(1/4)AB，半径$\overline{\text{CB}}$

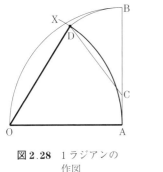

図2.28 1ラジアンの
作図

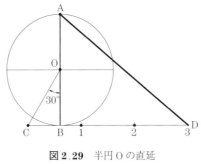

図2.29 半円Oの直延

の円と半径 $\overline{\mathrm{AO}}$ の円との交点をDとすると，$\overset{\frown}{\mathrm{AD}}\fallingdotseq\mathrm{AO}$ となり∠AODは1ラジアンを与える。

［**14**］　**半円周の長さ（図2.29）**　　図2.29に示すように，点Oを中心として半径 $\overline{\mathrm{OA}}$ の円Oを描く。つぎに，直線ABの端点Bから垂線を点Dに向けて引く。点Bにおける接線と交わる点C（∠COB＝30°）を求める。点Cを通る円Oの接線CDの長さを $\overline{\mathrm{OA}}$ の3倍として点Dを求め直線ADを引く。ADは半径 r の半円の周長にほぼ等しくなる。この作図は歯車の歯型曲線（2.4.4項のインボリュート曲線）を求める際に有用となる。

2.3　円錐曲線（楕円・放物線・双曲線）

2.3.1　円錐曲線の性質

直円錐（頂点と底面の中心とを結ぶ直線が底面に垂直な円錐（cone））を頂点を含まない**切断平面**（cutting plane）で切断すると，**図2.30**のように切り方によって（a）**円**（circle），（b）**楕円**（ellipse），（c）**放物線**（parabola），（d）**双曲線**（hyperbola）の曲線が切り口（断面）に現れる。これらの曲線を**円錐曲線**（conic section）と呼ぶ。

角度 α は鉛直軸と切断平面とのなす角，β は直円錐の母線（generating line）と底面との傾角であり，式（2.3）の e は円錐曲線の**離心率**（ecentricity）を示す。

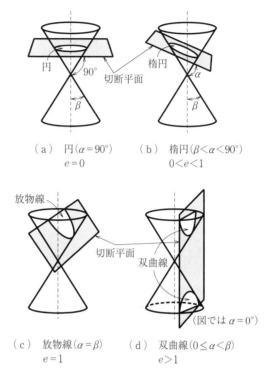

（a）　円（$\alpha = 90°$）
　　　$e = 0$

（b）　楕円（$\beta < \alpha < 90°$）
　　　$0 < e < 1$

（c）　放物線（$\alpha = \beta$）
　　　$e = 1$

（d）　双曲線（$0 \leq \alpha < \beta$）
　　　$e > 1$

図2.30　切断平面による円錐の切断によって切断面
に現れる円錐曲線

$$e = \frac{\cos \alpha}{\cos \beta} \tag{2.3}$$

　図2.30に示すように，円錐を切る平面の傾き α が円錐の母線・底面の傾角 β よりも大きい（$\alpha > \beta$）と切り口は楕円となる。$\alpha = \beta$ となればその切り口は放物線となり，$\alpha < \beta$ であれば双曲線となる。円錐曲線を解析幾何学によって x，y 座標で表すと x，y の2次式で表されるため円錐曲線は **2次曲線**（quadratic curve）とも呼ばれる（Web付録を参照）。円錐曲線は古代ギリシア時代から研究され，アポロニウス（Appolonius）は著作『円錐曲線論』の中で「二つの焦点からの距離の和が一定の曲線が楕円であり，それらの差が一定の曲線は双曲線である」ことを導いている。

［1］楕　　円　図 **2.31** に示すように，円錐を切断する平面 Π に内接する二つの球 S と S' を考える。二つの球と Π との接点をそれぞれ F, F' とする。S, S' と円錐との接点の集合はそれぞれ円 C と C' である。Π による円錐の切り口の曲線を E とし，P を E 上の動点とする。P と円錐の頂点 O を結ぶ直線 PO と円 C, C' との交点をそれぞれ Q, Q' とすると，PQ, PQ' はそれぞれ球面 S, S' への接線となる。このとき，PF と PQ はどちらも球 S への接線となり F と Q はその接点でもあるので

$$\overline{\mathrm{PF}} = \overline{\mathrm{PQ}}$$

となる。同様にして

$$\overline{\mathrm{PF'}} = \overline{\mathrm{PQ'}}$$

となるので，これより

$$\overline{\mathrm{PF}} + \overline{\mathrm{PF'}} = \overline{\mathrm{PQ}} + \overline{\mathrm{PQ'}} = \overline{\mathrm{QQ'}} \;（一定）\tag{2.4}$$

となる。$\overline{\mathrm{QQ'}}$ は円錐の表面に沿った円 C と C' 間の距離であり，点 P の位置に関係なく一定値となる。こうして楕円のもう一つの定義が得られる。**図 2.32** に示すように楕円とは，二つの定点，すなわち「焦点 F，F'」からの距離の和 $\overline{\mathrm{PF}} + \overline{\mathrm{PF'}}$ が一定となる動点 P の軌跡となる（役立つポイント 2）。図 2.32 で *l*,

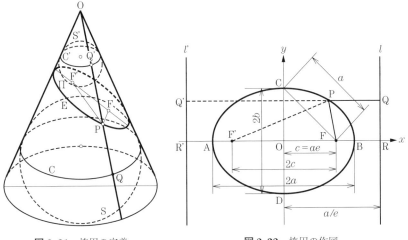

図 2.31　楕円の定義　　　　　　図 2.32　楕円の作図

役立つポイント2： **楕円の作図**

　FとF'に画びょうを刺し，糸を結んで画
びょうにかけ，糸をピンと張りながら鉛筆を
動かすときれいな楕円を描くことができる
（**図2**）。

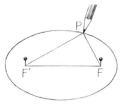

図2　楕円の作図

l は「準線」であり，2.3.2項では解析幾何学によって準線の意味を説明する。

　[**2**] **双　曲　線**　**図2.33**に示すように，平面Πに接し円錐に内接する
二つの球S，S'を考え，Πとの接点をそれぞれF，F'とする。球S，S'と円錐と
に接する円をC，C'とする。Πによる円錐の切り口の双曲線をEとし，PをE
上の動点とする。Pと円錐上の頂点Oを結ぶ直線POと円C，C'との交点をそれ
ぞれQ，Q'とするとQ，Q'はそれぞれ球面S，S'への接線でもある。したがって

$$\overline{PF} = \overline{PQ}, \quad \overline{PF'} = \overline{PQ'}$$

となる。ゆえに

$$|\overline{PF} - \overline{PF'}| = |\overline{PQ} - \overline{PQ'}| = \overline{QQ'} \quad （一定）$$

となる。このように，**図2.34**に示す双曲線は二つの定点である「焦点F，F'」
からの距離の差 $|PF - PF'|$ が一定となる動点Pの軌跡から求まる。図2.34で l，
l' は「準線」，$y = \pm(b/a)x$ は「漸近線」である。

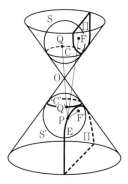

図2.33　双曲線の定義

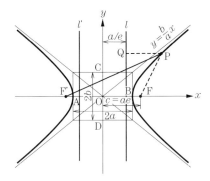

図2.34 双曲線の作図

［3］ 放物線　図2.35（a）に示すように，円錐の接平面Π'と平行な平面Πを考え，Πによる円錐の切り口の曲線をEとする。図（a）のように円錐に内接し平面Πに接する球Sを考える。SとΠとの接点をFとする。Sの球面と円錐との接点の集合は円となり，これをCとする。Cを含む平面をKとする。Kは水平面である。KとΠの交線をlとする。

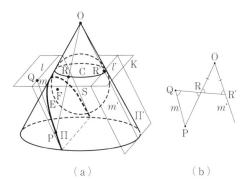

（a）　　　　　　（b）

図2.35 放物線の定義

一方，接平面Π'と円錐との接点の集合は円錐の頂点Oを通る直線であり，これをm'とする。また，KとΠ'との交線をl'とするとl'はlと平行であり，l'とm'は直交する。この交点をR'とする。

E上の任意の点Pを通りm'に平行なΠ上の直線をmとする。l'とm'は直交するのでlとmも直交し，その交点をQとおく。また，OPとKの交点をR

とおく。PR は球面 S への接線となる。

　平行線 m と m' を含む平面上で，これらの点と直線を描くと図 2.35（b）のようになる。OR = OR' なので △OR'R は二等辺三角形である。m と m' は平行であるので △PQR も二等辺三角形である。したがって

$$\overline{\mathrm{PF}} = \overline{\mathrm{PR}} = \overline{\mathrm{PQ}}$$

となる（∵ F も R も球 S 上の点）。これは曲線 E が F を「焦点」，l を「準線」とする放物線であることを示す。**図 2.36** は定点 F を通らない直線 l に対し

$$\mathrm{PF} = \mathrm{PQ} \tag{2.5}$$

を満たす点 P の軌跡が放物線と定義されることを示す。

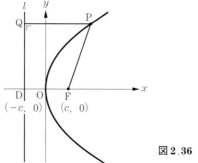

図 2.36　放物線の作図

2.3.2　円錐曲線の解析幾何学による表現

　円錐曲線を解析幾何学によって 2 次曲線（円錐曲線）で表す。2 次曲線の導出については Web 付録に記述した。

［1］　楕円の方程式　　図 2.32 に示すように，2 定点 F$(c,\ 0)$，F'$(-c,\ 0)$ からの距離の和が $2a$（一定）になる動点 P$(x,\ y)$ の軌跡は楕円になり，この楕円の方程式を求めると（Web 付録を参照）

$$\frac{x^2}{a^2} + \frac{y^2}{b^2} = 1 \tag{2.6}$$

を得る。ここで

$$b = \sqrt{a^2 - c^2}, \quad c = \sqrt{a^2 - b^2} \tag{2.7}$$

である。楕円は線分 $\overline{FF'}$ の中点 O を原点として，x 軸上の点 $(a, 0)$，$(-a, 0)$ を通り，y 軸上の点 $(0, b)$，$(0, -b)$ を通る曲線となる。$a \geq b$ であり a を長軸半径，b を短軸半径，F$(c, 0)$，F'$(-c, 0)$ を**焦点**（focus，複数形は foci），楕円と x 軸，y 軸との交点 A，B，C，D を楕円の頂点と呼ぶ。また

$$e = \frac{c}{a} = \frac{\sqrt{a^2 - b^2}}{a} \tag{2.8}$$

は焦点 F が原点 O からどれくらい離れているかを表し，「離心率」と呼ばれる。$e = 0$ のとき，円となる。

　楕円は図 2.36 に示す放物線を定義するのに用いた準線 l と焦点 F によっても定義することができる。図 2.32 に示すように平面上に直線 l と l 上にない焦点 F が与えられている。e は離心率 $e = c/a = \sqrt{a^2 - b^2}/a$ である。平面上の点 P より l におろした垂線の足を Q とするとき

$$\frac{PF}{PQ} = e \tag{2.9}$$

を満たす点 P の軌跡を考える。$e = 1$ のとき，軌跡は放物線となる。$0 < e < 1$ のとき，点 P の軌跡は楕円となる（Web 付録を参照）。直線 $l : x = a/e$ を「楕円の準線」と呼ぶ。直線 $l' : x = -a/e$ と焦点 F' $= (ae, 0)$ を用いても

$$\frac{PF'}{PQ'} = e \tag{2.10}$$

を満たすので，l' もこの楕円の準線である。e は楕円の離心率である。e が 0 に近づくと円に近づき，1 に近づくほど楕円は平べったくなる。e が等しい二つの楕円は相似になる。また，相似な楕円の離心率は等しい。その理由は e が同じことと c/a が同じことが同値となるからである（式 (2.8)）。

[2] 双曲線の方程式　図 2.34 に示すように，2 定点 F$(c, 0)$，F'$(-c, 0)$ からの距離の差が $2a$（一定）になる動点 P(x, y) の軌跡は双曲線になり，この双曲線の方程式を求めると（Web 付録を参照）

$$\frac{x^2}{a^2} - \frac{y^2}{b^2} = 1 \tag{2.11}$$

を得る。ここで

$$b = \sqrt{c^2 - a^2}, \quad c = \sqrt{a^2 + b^2} \tag{2.12}$$

である。$x,\ y$ を十分に大きくとると双曲線は直線

$$\frac{x}{a} - \frac{y}{b} = 0 \tag{2.13}$$

に限りなく近づく（Web 付録を参照）。この直線を式（2.11）の双曲線の漸近線と呼ぶ。また，$A = (-a,\ 0)$，$B = (a,\ 0)$ を双曲線の頂点と呼ぶ。

双曲線も図 2.34 に示すように，準線 $l(x = a/e)$ を用いて $PF/PQ = e(e > 1)$ を満たす点 P の軌跡として定義される $l'(x = -a/e)$ も双曲線の準線である。

［**3**］　**放物線の方程式**　　式（2.5）を満たす動点 P の軌跡は放物線となる。図 2.36 において F から l におろした垂線の足を D とし，線分 FD の中点 O を原点とし，$F = (c,\ 0)$，$l : x = -c$ と置けばこの放物線の方程式は

$$y^2 = 4cx \tag{2.14}$$

と得られる（Web 付録を参照）。x 軸を放物線の軸，原点 O を放物線の頂点と呼ぶ。

円錐曲線の性質と 2 次曲線の方程式のおもなパラメータを**表 2.1** に示す。

表 2.1　円錐曲線の方程式

円錐曲線	軌跡の条件	方程式*	離心率（$e = c/a$）	焦点	準線
楕円	$\overline{PF} + \overline{PF'} = 2a$	$\dfrac{x^2}{a^2} + \dfrac{y^2}{b^2} = 1$	$0 < e < 1$	$F(c,\ 0)$，$F'(-c,\ 0)$	$x = a/e$
双曲線	$\overline{PF} - \overline{PF'} = 2a$	$\dfrac{x^2}{a^2} - \dfrac{y^2}{b^2} = 1$	$e > 1$	$F(c,\ 0)$，$F'(-c,\ 0)$	$x = a/e$
放物線	$\overline{PF} = x + a$	$y^2 = 4cx$	$e = 1$	$F(c,\ 0)$	$x = -c$

*$c^2 = a^2 - b^2$（楕円），$c^2 = a^2 + b^2$（双曲線）

2.3.3　円錐曲線の作図

［**1**］　**楕　　　円**

（**a**）　**焦点法（図 2.37）**　　長径 AB と焦点 F'，F が与えられているとする。

手順 1　$\overline{AB}$ 上に任意の点 M をとり，2 焦点 F' と F を中心として $\overline{AM}$，$\overline{MB}$

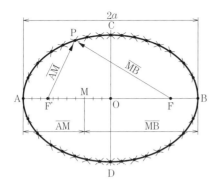

図 2.37　焦点法による
楕円の作図

を半径とする円弧を描き，その交点として楕円上の点Pを作図する。

手順2　点Mに相当する点を適当数とり，手順1の作図をくり返す。分割点
Mを F' の近くでは密にとり，O の近くでは疎にとると作図しやすい。

（b）　副円法（図2.38）　　長径 AB と短径 CD が与えられているとする。

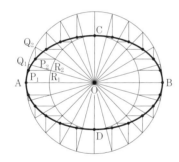

図 2.38　副円法による
楕円の作図

手順1　AB および CD を直径とする円（副円）を描く。

手順2　大副円上の任意の点 Q_1 と中心 O を結び，小副円との交点を R_1 と
する。

手順3　Q_1 から CD に平行線，R_1 から AB に平行線を引くと，交点 P_1 は楕
円上の点となる。

［2］　双　曲　線

（a）　焦点法（図2.39）　　A，B と焦点 F'，F が与えられた場合，F'，F
の外側に任意の点Mをとり，F' から $\overline{MA}$，F から $\overline{MB}$ の距離に双曲線上の点P
を作図する。

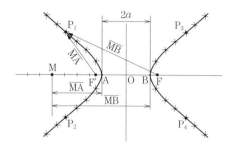

図2.39 焦点法による
双曲線の作図

手順1 AB の延長上に任意の点 M をとり，F' または F を中心とし，$\overline{MA}$ を
半径とする円と $\overline{MB}$ を半径とする円との交点 P_1, P_2, P_3, P_4 が求
めれば，これらは求める双曲線上の点となる。

手順2 AB の延長上のほかの点について手順1の作図をくり返せばよい。

（b）漸近線法（図2.40） 双曲線上の1点 P と漸近線 L_1M_1, L_2M_2 が既
知の双曲線を作図する。

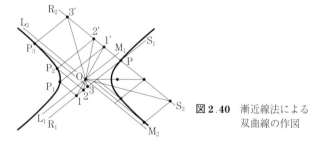

図2.40 漸近線法による
双曲線の作図

手順1 P を通り両漸近線に平行線 R_1S_1, R_2S_2 を引く。これらと O を通る
任意の放射状線との交点を結び 11', 22', …とする。

手順2 これらを対角線とする平行四辺形を作れば，その頂点 P_1, P_2, …
が求める双曲線上の点となる。反対側についても同じである。

［3］放 物 線

（a）焦点・準線法（図2.41） 準線 LM と焦点 F が与えられたときの放
物線の作図を示す。

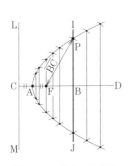

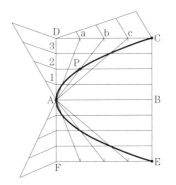

図2.41 焦点・準線法
による放物線の作図

図2.42 交点法による放物線の
作図

手順1 焦点 F より準線 LM に垂線 CD を作図し，CF の中点 A（頂点）を
求める。

手順2 CD 上の任意の点 B で LM に平行な直線 IJ を作図し，F を円 O の中
心，BC を半径とする円弧との交点を求めるとそれらは放物線上の
点 P となる。

（b）　交点法（図2.42）　　頂点 A と放物線上の点 C，E が与えられて放物
線を描く方法である。

手順1 頂点 A，放物線上の点 C を通り軸 AB に垂直に BC，平行に CD を
引く。

手順2 AD，DC を同数に等分する。

手順3 各点の 1，2，3 より AB に平行線を引き Aa，Ab，Ac との交点を求
める。

2.4　螺線と転跡線

動点が1点（極点）のまわりを回転し，動点が回転角の増大につれてある規
則のもとに中心より遠ざかるとき，動点がつくる軌跡を**螺旋**（spiral）という。
螺旋には，**アルキメデス螺線**（Archimedes spiral），**対数螺線**（logarithmic spi-

ral) などがある。

一方，一つの曲線（転曲線）がほかの一定曲線（導曲線）上に沿って転がるとき，これに固定して動く動点の軌跡を**転跡線**（roulette）という。

2.4.1　アルキメデス螺線

動点Pが極点Oのまわりをまわるとき，OP（原線）はレーダーの画面のように回転する。その角 θ が増えるにつれてOPの長さ r が式

$r = a\theta$ （ a は定数）

に従って増えるとき，動点Pの軌跡はアルキメデス螺線となる。蚊取り線香のような曲線である。r と θ は比例するので1周するたびに同じ長さだけ遠ざかる。

図2.43 に示すように，点Oから出発して1回転後に点Pを通るアルキメデス螺線を作図する。

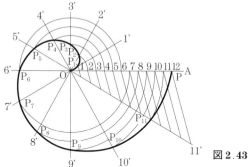

図2.43　アルキメデス螺線

手順1　OAを12等分（1，2，3，…）し，点Oまわりの回転角 θ を30°おき（1'，2'，3'，…）にとる。

手順2　O1＝OP$_1$，O2＝OP$_2$，O3＝OP$_3$，…となる O-P$_1$-P$_2$-P$_3$-…-P$_{11}$-P を 1'，2'，3'，…上にとる。つぎにこれらを順次曲線で結び，アルキメデス螺線を作図する。

2.4.2 対数螺線

対数螺線では，角 θ がだんだんと増えるとき r が θ の指数関数

$$r = r_0 \cdot a^\theta$$

に従って増える軌跡を描く。アルキメデス螺線では1回転するたびに距離が一定の値だけ加わる（等差数列的）増え方であったが，対数螺線では，1回転ごとに一定数倍される（等比数列的）増え方をする[†]。

図2.44 に示すように，O を極，OP を最初の動径とする対数螺線を作図する。30°おきに増加する動径の公比を 1.2 とする。これにより，30°回転したときの動径の長さは以前の動径に比べて 1.2 倍となり，順次この比で動径は増加する。

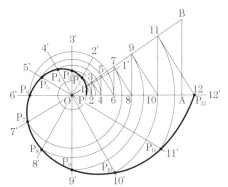

図2.44 対数螺線

手順1 OP の延長線上に任意の長さを OA をとり，O を中心として OA の長さの 1.2 倍の長さを半径とする円弧と点 A からの垂線との交点を B とする。OA と OB との長さの比は 1：1.2 である。

手順2 中心 O のまわりの全周を 12 等分し（$\theta = 30°$），1′，2′，3′，…とする。

手順3 点 P から垂線をたて OB 上に 1 を求めると，O1 = 1.2×OP となる。1 から OA に向けて垂線をたてて OA 上に 2 を求め，O2 = 1.2×O1 とする。このようにして OB，OA 線上に順次 12 まで点を求める。

手順4 O1，O2，O3，…の各長さを，O1′，O2′，O3′，…の各線上にとり，これらの点（1，P_2，P_3，…，P_{12}）を結ぶことにより対数螺線を得る。

[†] オーム貝の断面は，対数螺線の曲線と一致する。

2.4.3　サイクロイド曲線

図2.45に示すように，一つの円が直線上をころがるとき，ころがる円上の1点Pが描く曲線を**普通サイクロイド曲線**（common cycloid）という。点Rのように円周の外にある場合の軌跡を**高トロコイド曲線**（superier trochoid），Qのように円周の内側にある場合の軌跡を**低トロコイド曲線**（inferior trochoid）という。

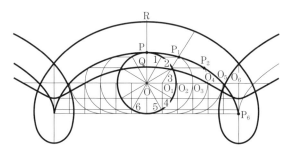

図2.45　サイクロイド曲線

図2.45に示すように，円が右に半回転ころがるとき，その中心は半円周に等しいOO_6を移動する。この間に動点Pは最高点から最下点P_6に達する。以下に作図手順を示す。

手順1　半円周とOO_6の長さをともに6等分し，それぞれ1，2，…，6とO_1，O_2，…，O_6とする。

手順2　転円の中心がO_1にきたとき，点PはP_1に移動し，また，中心がO_2にきたときP_2に移動するから，P-P_1-P_2-…-P_6を順次曲線で結べばサイクロイド曲線を得る。点円が左に転がるときも同様である。

手順3　動点Q，Rも同様に作図する。

このとき円とともに動く点P，Q，Rの軌跡を作図する（図2.45）。

2.4.4　インボリュート曲線

曲線に沿って糸を巻き，その一先端をピンと引っ張りながら糸が緩まないように曲線から引き離すとき，その先端の描く軌跡を**インボリュート曲線**（involute）という。以下に作図手順を示す（**図2.46**）。

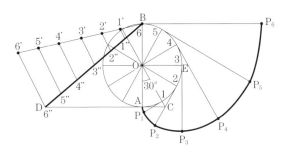

図2.46　インボリュート曲線

手順1　基礎円の半円周 $\overset{\frown}{AEB}$ を6等分し，点1，2，3，…，6を求める。

手順2　半円周を直延して，半円周の長さの近似値として BD を作図する。
　　　　つぎに，BD を6等分し 1"，2"，3"，…，6"を求める。

手順3　円周上の点1，2，3，…，6において，基礎円の接線を作図する。

手順4　各点1，2，3，…，6にて求めた接線上に直延した半円周の1/6，
　　　　2/6，3/6，…，1の長さをとり，$\overline{1P_1}$，$\overline{2P_2}$，$\overline{3P_3}$，…，$\overline{6P_6}$を作図する。

手順5　最後に P_1，P_2，P_3，…，P_6 を結びインボリュート曲線を得る。

章　末　問　題

【2.1】　問題図 2.1 に示す点 P を通る円 O の接線を作図しなさい。

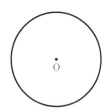

問題図2.1　点 P から円 O への接線

【2.2】　問題図 2.2 に示す二つの円の共通接線を作図しなさい。

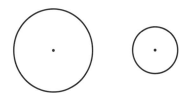

問題図2.2　二円の共通接線

第3章　正投影と主投影

　わたしたちは，考えやアイデアを記録として残したり，共有して議論したりしたいときにそれらを絵図や図形として描きとめる方法を求めてきた。今日では，これらはコンピュータ動画・静止画，スケッチなどの形式で描かれ，アイデアのエッセンスを手早く伝えるには見たとおりに画かれる見取図が活用されてきた。これに対し，製造の現場では機械・建築の設計図の寸法を寸分たがわず正確に表現するために正投影による工業図面が活用される。本章では物体を2次元図面に表す正投影の作図法と正投影で描かれた2次元の投影図をまとめた主投影図から3次元物体の幾何学情報を読みとる方法を学ぶ。

3.1　投影の基本

　3次元空間に配置された物体を2次元の紙面に描きとめる方法を考えよう。まず，幾何学や図学では立体は「点・直線・平面」の図形要素から構成されることを改めて認識しよう。立体を2次元平面上に描くことは，立体の構成要素となる点・直線・平面を2次元平面上に描くことである。

　空間に配置された点・直線・平面の図形要素を平面図形として表現するには，**投影**（projection）の手法を用いる。投影は**図 3.1** に示すようにいくつかに分類され，目的に応じて使い分けされる。投影の基本を理解するために，**図 3.2** に示す三角形平面 ABC の投影を例として示そう。図 3.2（a）では平面 ABC を**投影面**（projection plane）にその背中を向けて置き，頂点 A，B，C を通る直線（光線）を投影面に対して垂直に引き，これらの直線が投影面と交わる点 a，b，c を求め，各点を投影面上で結ぶことにより投影面上に投影図

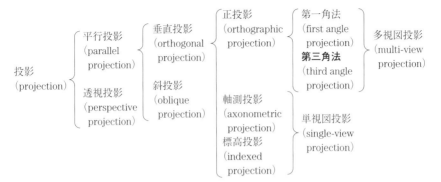

図 3.1　各種の投影

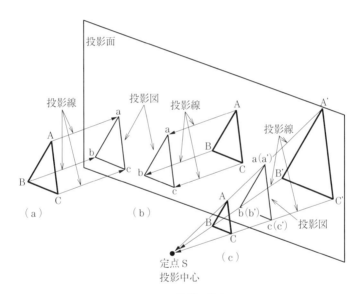

図 3.2　投影の基本

abc を得る。このようにして，3 次元空間の点 A，B，C と投影面上の点 a，b，c に 1 : 1 の対応関係をもたせれば，点 a，b，c を物体の点 A，B，C の代表点とすることができる。このとき，投影に用いる直線を**投影線**（projection line），投影線と投影面との交点 a，b，c を点 A，B，C の**投影図**（projection drawing）と呼ぶ。図 3.2 (a) の投影では，投影する光源（投影中心）を無限遠に置き，それぞれの光線をたがいに平行にすることから**平行投影**（parallel projection）とする（図3.1）。平行投影の投影線を投影面に垂直にする場合には**垂直投影**（orthogonal projection）とし，投影線が投影面に対して傾く場合には**斜投影**（oblique projection）とする（図3.1）。

　もう一つの投影法では，図3.2（b）に示すように平面 ABC を投影面の後方に置く。物体の各点 A，B，C から投影線を投影面に対して垂直に引き，投影線が投影面と交わる交点 a，b，c を求めて投影図 abc を得る。

　立体を表現するには，複数の視線と投影面による**多視図投影**（multi-view projection）が用いられる。この中で，立体を囲む複数のたがいに直交する投影面に対して垂直投影（図3.2（a），（b））を行う投影を**正投影**（orthographic projection）とする。正投影のうち，図（a）のように物体を投影面の手前に置く方法を**第一角法**（first angle projection）とする。これに対して，図（b）のように物体を投影面の後方に置く方法を**第三角法**（third angle projection）とする。これらの用語の由来については3.3節で詳しく述べる。

　投影面に垂直な投影線を用いる正投影に対して，図3.2（c）では，「投影中心」と呼ぶ定点 S と投影面より定点 S 側に置いた物体の点 A，B，C を結び，投影面に垂直でない投影線 SA，SB，SC が投影面と交わる点 a，b，c を求め，平面 ABC の投影図 abc を得る。図（c）には，物体 A'B'C' を投影面の後方に置いて投影図 a'b'c' を求める方法も示す。この投影を**中心投影**（central projection）とする。

3.2　透　視　投　影

　図3.3は**透視投影**（perspective projection）の基本原理を示す。中心投影に従って，定点 S と物体を構成する空間図形の各点とを結んで投影線を引き，平行投影とは対照的にたがいに平行でない投影線が投影面と交わる点を結ぶことにより透視図としての投影図を求める。別の見方をすれば，立体の各点から投射した投影線は定点 S の観測者の視点に収束するといえる。したがって，得られた投影図は観測者が実際に定点 S から図3.3の配置で物体（家屋）を

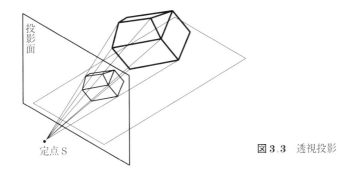

投影面

定点S

図 3.3　透視投影

見た「見取図」となり，奥行きと立体感のある描画が可能になる。しかしながら，透視投影法では，視点・投影面・物体の相対的な位置関係として視点・物体間の距離や視線の角度によって投影図が変形するので（1.2 節を参照），透視投影法によって工業製図で求められる部品の寸法・形状を正確に写しとるという実用上の要請に応えることは困難となる。このため，透視投影法はおもに建築や広告の分野において，建築構造や製品の外観デザインを見る人の直感に訴える（説明が不要な）表現に使われることが多い。

3.3　正投影と主投影図

3.3.1　正　　投　　影

図 3.2 では投影を物体と投影面との位置関係の観点から定義した。一方，投影は空間図形と投影面のそれぞれに置いた直交座標系の相対関係によっても定義できる。**図 3.4**（a）に示すように，空間図形に置いた直交座標系 O'-$x'y'z'$ と，投影面においた直交座標系 O-xyz との関係は以下の 3 通りとなる。

（1）　O'-$x'y'z'$ の 3 軸が投影面に交わる。

（2）　O'-$x'y'z'$ の 3 軸のうち 2 軸が投影面に交わり，残りの 1 軸は投影面に平行とする。

（3）　O'-$x'y'z'$ の 1 軸だけが投影面に交わり，残りの 2 軸の張る平面は投影面に平行とする。

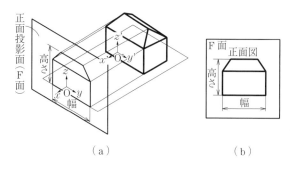

図3.4　正投影と二つの直交
座標系：O-xyz と O'-$x'y'z'$

（a）　　　　　　　　　　　（b）

　正投影では，上記の（3）の場合のように投影面に交わる1軸だけを，例えば図3.4では x' 軸だけを**正面投影面**（frontal projecting plane，F 面）に垂直になるように座標系を設ける。したがって，この正面投影面に直交する二つの投影面を加えて配置すれば，（3）で説明した残りの2軸は付加する二つの投影面に垂直となる。このようにして，正投影ではたがいに直交する複数の投影面への垂直投影によって，空間図形を2次元平面に平面図形として表現する。透視投影とは対照的に，正投影では物体の投影図の大きさが物体と投影面の距離に依存せず不変であるために，投影図による物体形状の計測が可能となり，正投影は工業製図にとって欠かせないものとなる。図1.1 や図3.3 の透視投影で見たように，空間にある物体が回転したり，傾いたりすることによって，物体の辺は定点 S と物体との位置関係により，さまざまな拡大・縮小率で変形される。これに対して，正投影ではたがいに直交する複数の投影面を用いて，複数の方向の視線から垂直投影によって複数の投影図を求める「多視図投影」が実現され，物体形状（長さ，角度など）の計測が可能となる。

　図3.4（b）に示す正投影では物体の正面が正面投影面（F 面）に平行となるため，正面図（正面視図）には幅と高さが示される。これに対し，正面投影面の手前側から見て奥行き方向の長さは正面図には示されず，したがって，正面図だけでは物体の大きさを十分に表現することはできない。そこで，**図3.5**（a）に示すように正面投影面に垂直なもう一つの投影面として**水平投影面**（horizontal projecting plane，T 面[†]）の追加が必要となり，これによって物体（家

[†]　水平投影面に垂直な視図を top view と呼ぶので水平投影面を T 面と呼ぶ。

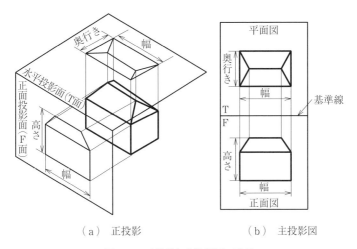

（ａ）正投影　　　　　　　（ｂ）主投影図

図 3.5　正投影と主投影図の配置

屋）の「奥行き」を図3.5（ｂ）の主投影図（3.3.2項を参照）として表現することが可能になる。図3.5（ａ）は二つのたがいに垂直な投影面，すなわち正面投影面と水平投影面への正投影を示す。幅方向の長さは両方の投影面に反映されるが，高さ方向の長さは正面図だけに現れ，奥行き方向の長さは平面図だけに現れる。したがって，正面図と平面図は相補的関係にあるといえる。ここで，立体的に配置されたたがいに垂直な投影面上の投影図をそのまま表示するのは不便なので，複数の投影図を一つの平面上に展開する方法がとられる。図3.5（ｂ）は水平投影面を正面投影面と同じ平面に展開した主投影図を示す。同じことであるが，正面投影面を水平投影面と同じ平面に展開して一つの平面に並べる方法と考えてもよい。図3.5（ｂ）に示す展開の折り目を基準線と呼び，これは3.4節で説明するように，物体の測量に需要な役割を示す。

3.3.2 主 投 影 図

図 3.6は図3.5で示した正面図・平面図に右側面図を加えた**主投影図**（principal projection drawing）を示す。主投影図は正面図を起点として，たがいに直交する投影図を平面上に展開して並べた一連の図のことである。1枚の紙面

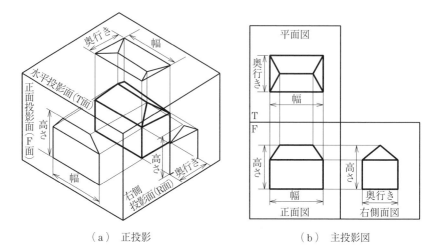

（a）　正投影　　　　　　　　　　　（b）　主投影図

図3.6　正投影と主投影図

に並べた二つの投影図は展開前にはたがいに直交し**隣接図**（adjacent drawing）と呼ばれる。

　主投影ではたがいに直交する2平面，すなわち正面投影面（F面）と水平投影面（T面）への正投影によって立体を表現する。**図3.7**（a）に示すように，空間は正面投影面と水平投影面によって四つの空間に仕切られる。このとき視線が図（a）のような向きにあるとき，四つの空間をそれぞれ第1象限・第2象限・第3象限・第4象限とする。つぎに，正面投影面と水平投影面への投影

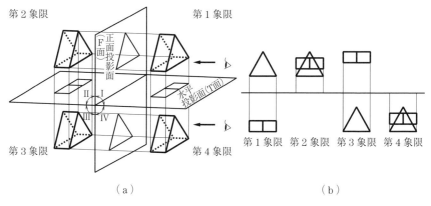

（a）　　　　　　　　　　　　　　　　（b）

図3.7　主投影図（第一角法と第三角法）

図を一つの紙面上に並べるために図（a）の中央に位置する正面投影面を反時計方向に90°回転して倒すと，図（b）に示す配置が得られる。このとき，図（a）の第1象限と第3象限にある物体の正面図と平面図は上下に分かれて配置されるが，第2象限と第4象限にある物体の正面図と平面図は重なってしまう。このため，実用では物体を第1象限に置く「第一角法」や第3象限に置く「第三角法」が用いられる。

3.3.3　第一角法と第三角法

　図3.8に示す第一角法による投影では物体は水平投影面（T面）と正面投影面（F面）によって仕切られる「第1象限」に物体が置かれる。平面図は物体の下にある水平投影面に向かって投影線を引くことにより得られる。正面図は物体の後方にある正面投影面に向かって投影線を引くことにより得られる。投影線を引いたあと，正面投影面を反時計方向に水平投影面と同一平面となるまで回転し，図（b）に示す「主投影図」を得る。

　図3.9は正面図，平面図，左側面図から構成される第一角法による正投影を示す。図3.10は第一角法による6面図の主投影図を示す。第一角法は建築

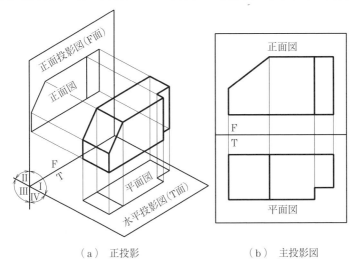

（a）　正投影　　　　　　　（b）　主投影図

図3.8　第一角法による正投影と主投影図

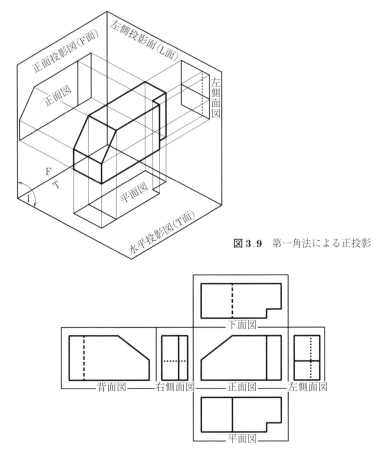

図3.9　第一角法による正投影

図3.10　第一角法による主投影図

分野で用いられることが多い。

　図3.11に示す第三角法による投影では物体は水平投影面（T面）と正面投影面（F面）によって仕切られ，「第3象限」に物体が置かれる。平面図は物体の上にある水平投影面に向かって投影線を引くことによって得られる。正面図は物体の手前にある正面投影面に向かって投影線を引くことによって得られる。投影線を引いたあと，水平投影面を時計方向に正面投影面と同一平面となるまで回転することにより，図3.11（b）の主投影図を得る。**図3.12**は正面図，平面図，左側面図から構成される主投影図を求めるための第三角法によ

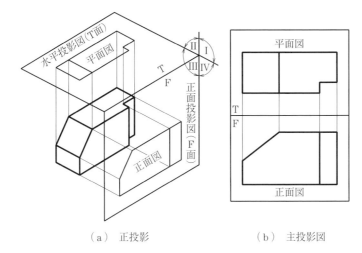

（a）　正投影　　　　　　　　　　　　（b）　主投影図

図 3.11　第三角法による正投影と主投影図

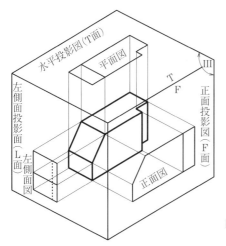

図 3.12　第三角法による正投影

る正投影を示す。**図 3.13** は第三角法による 6 面図の主投影図を示す。

　第一角法では投影図は物体を通り抜けて描かれるから，各投影図はバラバラの配置となり，物体の展開図を得る目的には適さない。一方，第三角法では投影面と投影図は物体と視点の中間に存在するため，図 3.13 に示すように物体の展開図と同一となり，この主投影図から実物の 3 次元物体を工作することも可能である（第 11 章を参照）。本書では機械製図で用いられる第三角法について説明する。

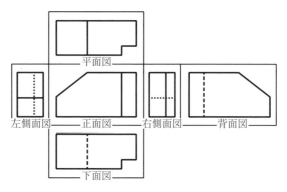

図3.13　第三角法による主投影図

3.4　基　　準　　線

　基準線（folding lines）は，たがいに直交する投影面どうしの「交線」であり，この交線を折り目として各投影図を展開する。また，これは，投影面の「端視図」（4.4節，表7.1を参照）ともいえる。工業製図では基準線を引くことはない。これに対し，図学ではさまざまな空間図形を構成する点・直線・平面間の幾何学的関係を計測するために基準線は必須である。したがって，基準線の意味と使い方を理解することが図学修得の鍵となる。

　図3.14と**図3.15**はたがいに垂直な二つの投影面の交線となる基準線を示す。図3.14（a）に示すように平面図と正面図との間に引く基準線をT/Fと記す。ここで，Tは水平投影面（T面），Fは正面投影面（F面）に由来する。

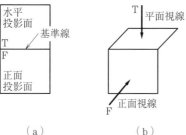

（a）　　　　　　　　（b）

図3.14　T/F基準線

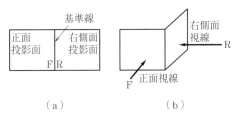

図3.15　F/R 基準線

これらは主投影図の表記の規則であり，図3.22に一覧を示す。図3.14（b）に示すように，T/F基準線は正面視線に対しては「水平投影面の端視図」であり，平面視線に対しては「正面投影面の端視図」となる。このことの理解は，主投影図における測量・計測の基本となる。図3.14（b）から図3.14（a）の展開図を得るには，基準線は展開する際の折り目となる。

　同様に，図3.15（a）に示すように正面図と右側面図の基準線をF/Rと記す。Rは右側面投影面（R面）を示す。この場合には，F/R基準線は正面視線に対しては「右側面投影面の端視図」となり，右側面視線に対しては「正面投影面の端視図」となる。基準線を使いこなすには，各投影面を展開して主投影図を得る前に，隣接する各投影図はたがいに直交する**隣接投影面**（adjacent projection plane）に描かれることを認識すべきである。

3.5　主投影図と視図

　主投影図は，「正面図・平面図・側面図」から構成される。主投影図は，物体の各投影面への正投影によって得られる。この見方を変えると，物体を紙面に描画する作業では作業者は物体に対して正対し（物体を正面に置き），物体に対して垂直な視線を向けて観察したときに実際に見える「視図」を紙面に描き写すことといえる。例えば，**図3.16**（a）に示すように，物体の正面図の作図にはその正面の位置から視線を仮想的な正面投影面（F面）に垂直にして物体を観察し，物体を動かさずに視線を少しづつ平行移動して物体全体を観察する。同様に，図（b）の平面図の作図には物体を動かさずに観察者は**鳥瞰図**

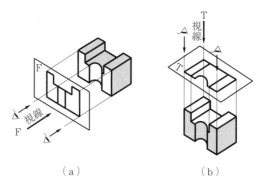

（a）　　　　　　　　　　　（b）

図3.16　視線によって視図を得る

（bird's eye view）の作図のように物体を上から見おろす。ほかの視図について
も自分の視線を変更して観察と作図を続け，物体全体の形状を表現するのに必
要な枚数の視図を描く。最後に，得られた視図を第三角法に従って配置して主
投影図を得る。

　一方，図面を読み解くときには，主投影図から3次元の立体イメージをつか
むために，観察者と物体との相対的位置関係に注意を払う。例えば正面図を読
み解くときには，観察者は物体の正面に正対し物体から自分に向かう視線に
沿った投影線を意識するとよい。

　こうして，正面図には物体の幅と高さの情報が描きこまれる。これを読み解
くには，水平投影面・右側面投影面，あるいは基準線からの位置を測れるよう
になることが求められる。水平投影面に垂直方向の平面視線は鉛直下向き方向
となり，平面図には物体の幅と正面投影面からの奥行きが示される。しかし，
高さは平面図には現れない。

　このような主投影図の読み方を修得すれば，**図3.17**（a）の主投影図から
図（b）～（d）に示す3次元物体（CADソフトで作成）の形状を読みとる
ことができる。例えば，図（a）の平面図には円が描かれている。この円はな
にであろうか。平面図は正面図と「対応線（投影線）」で関係づけられており，
これらの幾何学的関係を読み解くと，その円は円筒ではなく穴であることが判
明する。これにより，図（c）の実体図に加工穴がつけ加えられる。図（d）

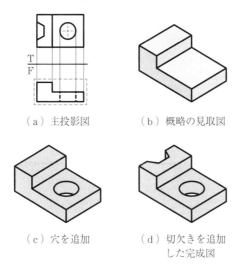

（a）主投影図　　　　　（b）概略の見取図

（c）穴を追加　　　　　（d）切欠きを追加
　　　　　　　　　　　　　　した完成図

図3.17　図面を読む

では切欠きを追加し実体図を完成する。このように，図（a）の主投影図から図（d）の3次元形状を読み解くには，第1章で述べた論理的思考力，空間認識力，図形理解力を備えることが求められる。

3.6　主投影図の配置と表記の規則

3.6.1　主投影図の配置

　3次元物体の形状の特徴をよく表す方向から見た視図（投影図）を通常「正面図」とし，この正面図の視線を**正面視線**（frontal line of sight，視線F）という。正面視線を起点としてこれと垂直方向（背面視線は180°）の視線による一連の投影図を「主投影図」という。**図3.18**（a）は主投影図の視線をまとめて示す。各視線の投影図を第三角法によって配置した主投影図を図（b）に示す。

　図3.19は第三角法による主投影図を示す。第三角法では正面図の上方に平面図，右側に右側面図が配置される。この配置は以下の原則に基づいている。

　（1）　隣接図の視線はたがいに垂直である。

　（2）　立体の同じ点を表す隣接図の点はその隣接図の視線に平行に配置さ

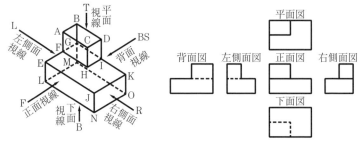

（a）　主投影図の視線　　　　　　　（b）　主投影図の配置

図3.18　主投影図

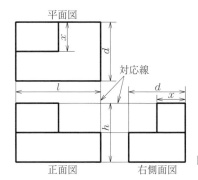

図3.19　第三角法の主投影図

れる。これらの隣接図の点を結んだ線を**対応線**（projection line）
と呼ぶ。

（3）　対応線方向に測った立体の2点間の距離は，一つの図に隣接する二
　　　つの投影図（例えば，正面図に隣接する平面図と右側面図に記され
　　　ている x と d）ではたがいに等しい。

　背面図や下面図は実用ではあまり使用されない。図3.19の正面図と平面図，
あるいは正面図と右側面図の二つの投影図の組合せで十分な場合が多い。しか
し，**図3.20**の各立体では三つの図すべてがないと物体の見分けがつかない。

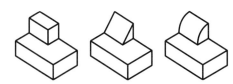

図3.20　右側面図の必要性

3.6.2 主投影図の表記の規則

図3.21では，図3.19の主投影図に点の表記を規則（**図3.22**）に従って追記した。主投影図における記号と線の用法を以下に示す。

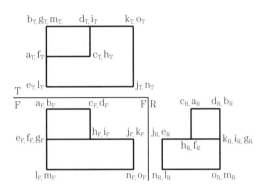

図3.21 主投影図の点の表記

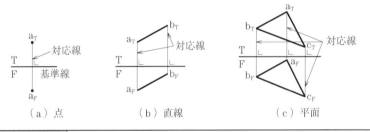

（a）点　　　　　　（b）直線　　　　　　（c）平面

作図線の種類	外形線：　太い実線		
	かくれ線：太い破線		
	対応線：　細い実線		
	基準線：　中字の実線		$\left(\dfrac{T}{F},\dfrac{F}{R},\dfrac{F}{1}\right)$
投影面の表記	F：正面図，T：平面図，R：右側面図，副投影面：1, 2, 3, …		
点の表記	物体の点：　大文字（A, B, C, …）		
	投影図の点：小文字（a_F, a_T）　例：点 A の正面図 a_F，平面図 a_T		
記号	TL：実長，TS：実形，PV：点視図，EV：端視図，CP：切断平面		

図3.22 表記の規則（表7.1を参照）

［1］ 記　　　号

（a）　立体上の点の記号　　アルファベットの大文字で記す（図3.18（a）を参照）。これは，本文の記述にも使われる。

（**b**）　**投影図の名称の記号**　　正面図，平面図などの投影図の名称には，両図（隣接図）を隔てる基準線の両側に下記の略号が示される。

　　　　正面図：F（Front view の略）

　　　　平面図：T（Top view の略）

　　　　右側面図：R（Right-side view の略）

　　　　左側面図：L（Left-side view の略）

（**c**）　**投影図の点の記号**　　アルファベットの小文字で表し，その下付き添字に投影図の略号を大文字でつける。例えば，点 A の正面図であれば a_F と記す。

［2］　線の種類と太さ

（**a**）　**外形線**　　太い実線で描き，立体の見える外形を表す。

（**b**）　**かくれ線**　　太い破線で描き，立体の向こう側にあって見えない線を表す。

（**c**）　**対応線**　　細い実線で描き，物体の点からの投影線（図3.2）を表す。

（**d**）　**基準線**　　中字の実線で描き，隣接投影図の交線（図3.15）を表す。

3.7　主投影図の基本的性質

以下に示す立体を例として，投影図の基本的性質をあげておこう。

［1］　視線に平行な直線と平面はそれぞれ点と直線に見える　　図3.23 で正面視線に平行な直線 AB，DC，EF，GH，JI は正面図では点に見える**点視図**（point view, PV）となる。また正面視線に平行な平面 ABCD，ABHG，CDEF，GHIJ は正面図では直線に見える「端視図」となる。

［2］　視線に垂直な平面の投影図は実形となる　　図3.23 で正面視線に垂直な平面 ADEKG は正面図において，また側面視線に垂直な面 GHIJ は側面図において「実形」となる。

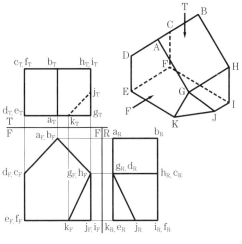

図 3.23　主投影図

［**3**］　**視線に垂直な直線の投影図は実長となる**　　図 3.23 で正面視線に垂直な稜 AD，DE，EK，KG，GA などは正面図において，また平面視線に垂直な稜 AB，DC，GH などは平面図において「実長」となる。

［**4**］　**視線に傾く平面は実形のまま投影図に現れることはない**　　図 3.23 の四辺形 ABCD，ABHG は平面視線にも側面視線にも斜めに傾くので平面図，側面図とも実形とならない。図 3.23 の三角形平面 GKJ も正面視線，平面視線，側面視線に傾くので投影図に実形は現れない。この場合，平面図形の幾何学的性質のうち，つぎのものは変わらない。

（ 1 ）　線の次数は変わらない。すなわち，直線は直線に，2 次曲線は 2 次曲線に見える。

（ 2 ）　線分の内分比・外分比は変わらない。例えば，線分の中点は視線の方向にかかわらずつねに投影図上で中点となる。

（ 3 ）　平行線はどの方向からみても平行に見える。**図 3.24** で平行な稜 AB と DC はどの投影図においても平行となる。ただし，**図 3.25** の直線 AB と CD のように正面図と平面図がともに基準線に垂直となる場合，右側面図の作図による確認が必要となる。

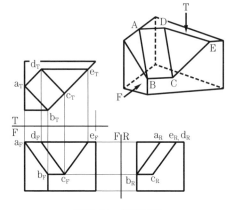

図 3.24　主投影図

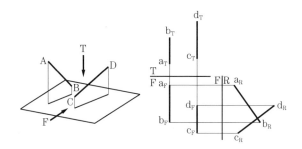

図 3.25　平行でない 2 直線の主投影図

［5］　さまざまな幾何学的性質は視線の方向に依存する

（**a**）　**直線の長さ**　　視線に傾く直線の投影図は実長より短くなる。例えば，図 3.24 の AB，DC，CE はどの投影図においても実長よりも短くなる。

（**b**）　**角　度**　　2 直線のなす角は視線の方向によって真の角度より大゙ぎぐな゙っ゙だり゙，小さくなったりする。例えば，図 3.24 の∠ADC の実角度は直角であるが，正面図ではこれより大きく，側面図では小さく見える。一方，平面図では∠ADC は直角に見える。

（**c**）　**角度比**　　例えば，平面図形の角の 2 等分線は特別な場合を除いて投影図では 2 等分線にならない。**図 3.26** の側面 VAB はいずれの主投影図の視線に対しても傾くが，AB の中点 D は上記の［4］の（b）によりいずれの投影図においても中点となる。一方，中線 VD を作ると△VAB が二等辺三角形であるので VD は∠AVB の 2 等分線になるが，正面図および側面図では $v_F d_F$，$v_R d_R$ は∠$a_F v_F b_F$，∠$a_R v_R b_R$ の 2 等分線とはならない。

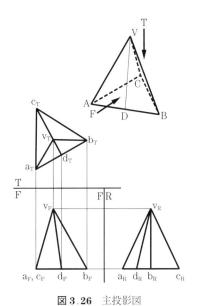

図 3.26　主投影図

［**6**］　**直交 2 直線と実長**　　直交 2 直線は，少なくとも一方が実長で表される投影図においても直交する。図 3.24 で AB と AD は直交するが平面図において $a_T d_T$ が実長であるので，∠$d_T a_T b_T$ は直角となる。図 3.23 の直交 2 直線 AD と AG はともに正面図で実長となり，∠$d_F a_F g_F$ は当然直角になる。

［**7**］　**直線の点視図と実長**　　直線の投影図が点に見える点視図の隣接図には「実長」が現れる。

┌─ **役立つポイント3**： 　**主投影図の基本的性質** ─────────┐

   1.　視線に平行な直線と平面はそれぞれ点と直線に見える。

   2.　視線に垂直な平面の投影図は実形となる。

   3.　視線に垂直な直線の投影図は実長となる。

   4.　直交2直線では少なくとも一方が実長であるときには投影図においても直交する。

   5.　直線の一方の投影図が点に見える場合，隣接図には実長が現れる。

   6.　直線の一方の投影図が基準線に平行となる場合，隣接図に実長が現れる。

└──────────────────────────────┘

3.8　点の主投影図

　ユークリッド幾何学では，「点は位置だけを示し大きさをもたない」と定義される。したがって，作図では点をなるべく小さく描くように心がける。**図3.27** に示すように，点 A を主投影面（正面投影面（F面），水平投影面（T面），右側面投影面（R面））で囲む空間内に置く。同図のように，正面投影面，水平投影面，右側面投影面はたがいに直交し，平面図と右側面図の点 A の投影図 a_T と a_R は正面図との基準線 T/F と F/R から等距離 D に位置する。主投影

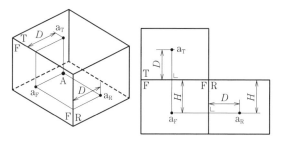

図3.27　点の主投影図

図の表記については，図3.27に示すように正面図にF，平面図にT，右側面図にRの記号を記し，点Aの各投影図を表すには投影図の添字をつけて，a_F，a_T，a_Rと記載する。

3.9　直線の主投影図

ユークリッド幾何学では，「直線は線分の長さだけを表し，幅をもたない」と定義される。また，直線は「同一直線上の無限個の点の集合」とも考える。**図3.28**の直線ABを正面投影面（F面），水平投影面（T面），右側投影面（R面）の主投影面で囲む空間内に置く。実際の作図では，直線は筆記用具によっていろいろな線幅で引かれる。直線の位置は直線上の異なる2点の位置によって決まる。作図で直線を精度よく引くには，異なる2点を適切な距離だけ離す。直線の投影図の作図では，直線の両端の2点の投影図を作図し，これらを丁寧に結ぶ。

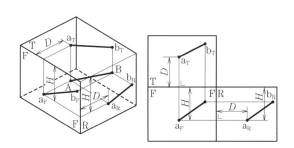

図3.28　直線の主投影図

3.9.1　直線上にある点の投影
直線上の点の投影図は，すべての投影図においてその直線の投影図上にある。**図3.29**（a）の正面図，平面図からわかることは，点Mの投影図m_F，m_Tが示すように，それぞれが直線ABの投影図a_Fb_F，a_Tb_T上にあれば，点Mは直線AB上にあると結論される。一方，点N_1，N_2の投影図は直線ABの投影図と重ならないので直線上にないと結論される。

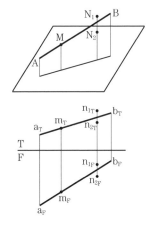

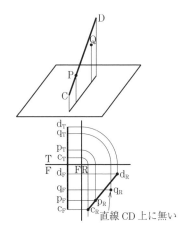

（ａ）直線上にある点とない点 　　（ｂ）基準線に垂直に投影された
　　　　　　　　　　　　　　　　　　　　直線上にある点とない点

図 3.29　直線上にある点とない点の投影図

　図 3.29（ｂ）のように直線の投影図が基準線に垂直になるときには，直線
上の点かどうかを正面図と平面図だけでは判別できない。この場合には，もう
一つの投影図（例えば右側面図）を作図して確かめる必要がある。

┌─ **役立つポイント 4 ： 直線上の点の投影図** ─────────────┐
│
│　　直線上の点の投影図は，どの投影図においてもその直線の投影図上に
│
│　ある。
│
└──────────────────────────────────────┘

3.9.2　交わる 2 直線の投影

　2 直線が交点で交わるとき，2 直線はその交点を共有する。交点の投影図は
隣接する投影図で 1 対 1 に対応する。このとき，隣接する二つの投影図におい
て交点の投影図は同じ対応線上にある。

　図 3.30（ａ）では直線 AB と直線 CD が交差する点の投影図 m_F と m_T は，
ともに両投影図を結ぶ対応線上にあるから点 M は交点であると結論される。

　これに対し，図 3.30（ｂ）の直線 $g_T h_T$ と $g_F h_F$ のように，直線の投影図が基

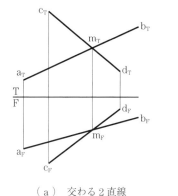 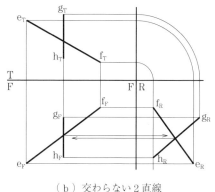

（a）　交わる2直線　　　　　　　　　（b）　交わらない2直線

図3.30　直線と直線の交点

準線に垂直となる場合には交点を定めることができない。このときには，側面図 $g_R h_R$ を作図し正面図と右側面図において交点の対応を確かめる必要がある。これにより EF と GH は交わらないことがわかる。

　例題3-1　**直線の投影図**――――――――――――――――――――――

　例題図3.1（a）の直線 AB の右側面図を作図しなさい。

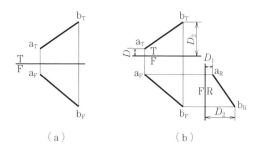

（a）　　　　　　　　　（b）

例題図3.1　直線の投影

解答

例題図3.1（b）に解答図を示す。

例題 3-2   主投影図の作図──────────────

例題図 **3**.**2** の直線 AB の主投影図を完成しなさい。

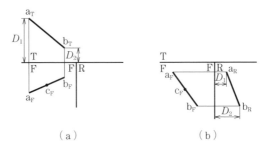

（a）　　　　　　　　（b）

例題図 3.2　直線の投影

解答

例題図 3.**3** に解答図を示す。

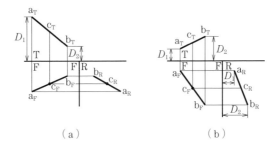

（a）　　　　　　　　（b）

例題図 3.3　直線の投影

例題 3-3   主投影図の作図──────────────

例題図 **3**.**4**（a）の立体の主投影図を作図しなさい。

解答

（1）　例題図 3.4（a）の正面図を例題図（b）に示す。

（2）　例題図 3.4（a）の主投影図の完成図を例題図（c）に示す。

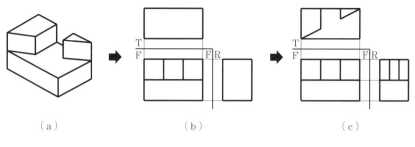

（a）　　　　　　　　　（b）　　　　　　　　　（c）

例題図 3.4　立体の主投影図

例題 3-4　**主投影図の作図**

例題図 **3.5**（a）の平面図を作図しなさい。

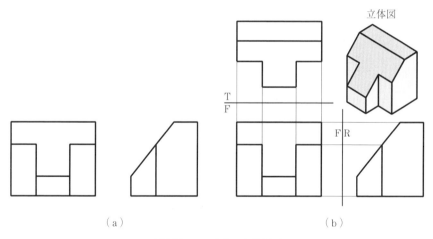

立体図

（a）　　　　　　　　　　　　　　（b）

例題図 3.5　立体の主投影図

解答

例題図 3.5（a）の平面図および主投影図の立体図を例題図（b）に示す。

3.10　か　く　れ　線

　主投影図を完成する最終段階の作図は，かくれ線を正しく引くことである。物体の外形を示す線，すなわち「外形線（太い実線）」は必ず見える。一方，外形線の内側の線については，視線と物体との相対的な位置関係によってその線は見えたり見えなかったりする。

　かくれ線かどうかを判断するには，**図3.31**（ a ）に示すように視線（視線Fと視線T）に沿った点間の位置関係を調べる。平面図の作図での視線Tは上から物体に対して下向きである。したがって視線Tは正面図において下向きの矢印で表される（図（ a ））。このとき，正面図の o_F は視線Tの下向き矢印に最も近くなり点Oは必ず見えることになる。四つの稜 $o_T a_T$, $o_T b_T$, $o_T c_T$, $o_T d_T$ についても遮るものはなく上から見えるので，図（ b ）の平面図のようにこれらの投影図を太い実線で描く。

　正面図の作図での視線Fは正面投影面の手前側から物体の正面に向かう。したがって，正面視線Fは図3.31（ a ）の平面図において視線Fの矢印で表さ

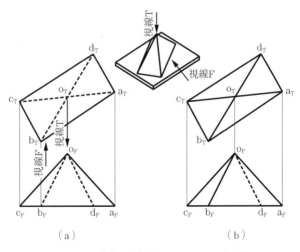

（ a ）　　　　　　　　　　　（ b ）

図3.31　物体の主投影図におけるかくれ線

れる。ここで，o_Tb_F と o_Fd_F が視線 F に対して見えるかどうかを調べる。図（a）
の平面図から，o_Tb_T は視線 F に最も近く見えるので，図（b）の正面図のよう
に o_Fb_F を太い実線で描く。これに対し，同じく図（a）の平面図から o_Td_T は視
線 F に対して物体の背後にあり，o_Fd_F はかくれ線となり，これを太い破線で描く。

　図 3.32 に示すようにたがいに交わらない 2 本の棒 AB と CD のかくれ線を
決定するには，より詳しく調べる必要がある。図（a）の平面図と正面図に現
れるみかけの交点 1 と 2 については，点 1 は棒 AB 上にあり点 2 は棒 CD 上に
あるので点 1 と 2 は棒の中心線の交点でないことがわかる。みかけの交点 3 と
4 についても同様な考察から二つの棒の中心線の交点でないことがわかる。し
たがって，二つの棒の中心線は空間において交わっていないことがわかる。

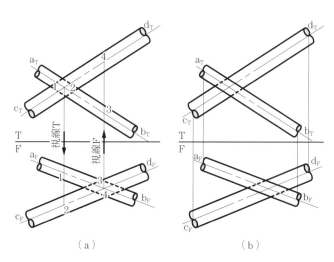

（a）　　　　　　　　　　　　　（b）

図 3.32　交差しない棒のかくれ線

　二つの棒は交差しないので，みかけの交点においてどちらかの棒はほかの棒
より上に位置することになる。図 3.32（a）に示すように，棒の中心線の投
影図 a_Tb_T と c_Td_T の平面図でのみかけの交点 1 と 2 では棒 AB 上の点と棒 CD
上の点が重なる。これらの点の正面図（図（a））を見ると，a_Fb_F 上の点 1 は
c_Fd_F 上の点 2 よりも上に位置することがわかる。これにより，点 1 は点 2 に
比べて視線 T により近いことになり，棒 AB はこの位置で棒 CD よりも上にあ

るので，図（ b ）の平面図に示すように棒 AB の外形線を太い実線で描く．棒 CD は棒 AB と重なる位置で AB の下になるので棒 CD の外形線を太い破線で描く．

　図 3.32 （ a ）の正面図では点 3 と 4 がみかけ上重なる．これらの点に対応する平面図から $a_T b_T$ 上の点 3 は，$c_T d_T$ 上の点 4 に比べて観察者の視線 F により近く，点 4 は点 3 よりも奥にあることがわかる．したがって，棒 AB は正面図においてその外形全体が見えることになり，正面視線から見て棒 CD は棒 AB の背後を通る位置でかくれることになる．

　図 3.31 と 3.32 に示したように，直線が見えるかどうかは個々の投影図（正面図や平面図など）において個別に調べるべき問題である．したがって，例えば正面図において直線が見える直線であっても，対応する平面図においてその直線が必ずしも見えるとは限らない．

　かくれ線を判断する手順は，図 **3.33** に示すように四面体の内部の線についても適用できる．$a_F b_F$ と $c_F d_F$ のみかけの交点を 1，2 と記すと，これらの点は右側面図の点に対応する．$a_R b_R$ 上の点 1 は視線 F により近く，図（ b ）に示すように，直線 AB は正面図において見える線と判断される．同様にして，点 3，4 と視線 R の相対的位置関係から．$a_F b_F$ 上の点 4 は視線 R により近く，直線 AB は側面図において見える線となる．

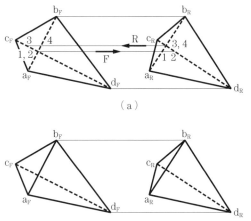

（ a ）

（ b ）

図 **3.33**　物体内部のかくれ線

章　末　問　題

【3.1】　問題図 **3.1** に示すように，たがいに交わる直線 AB と CD の主投影図を完成しなさい。

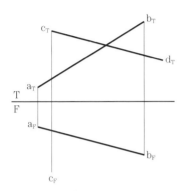

問題図 **3.1**　たがいに交わる 2 直線の
　　　　　　　　主投影図

【3.2】　問題図 **3.2** に示すように，交わる 2 直線 AB，AC の AB 上の 1 点 P を通り，AC と交わる水平直線を作図しなさい。

【ヒント】P を通る水平直線の正面図を作図すればよい。

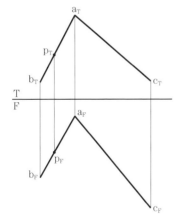

問題図 **3.2**　たがいに交わる 2 直線の
　　　　　　　　主投影図

第4章　1次副投影

　主投影図を構成する正面図，平面図，側面図には物体の幾何学情報が描きこまれており，第3章では主投影図から物体の3次元形状を読み解く基本の方法を学んだ。一般には，物体を構成する直線や平面は主投影面に対して傾くので，直線の実長や平面の実形は主投影図に現れない場合が多い。本章では，部品の実際の形状や図形間のさまざまな幾何学的関係（平行・垂直・交点・交線）を，観察者の視線を自在に調整して読み解く，「副投影」の作図法を学ぶ。

4.1　平面図からの副投影（副立面図）

　図4.1は，主投影図（正面図・平面図・右側面図）と**副投影図**（primary auxiliary view）の配置の一例を示す。副投影図が描かれる図4.1の副投影面は，水平投影面（T面）に垂直となるが，ほかの二つの正面投影面（F面）と右側面投影面（R面）に対しては傾く。このような投影面の配置では，副投影図は平面図と直交するので**副立面図**（auxiliary elevation view）ということができ，

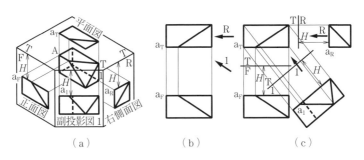

（a）　　　　　　　　　（b）　　　　　　　　　（c）

図4.1　平面図からの副投影

この投影図には正面図に描かれる高さ方向の長さが描きこまれる。副投影図の
作図手順は主投影図の作図手順と基本的に同じである。副投影による作図を
手順 1 ～ 4 に沿って説明しよう。

　手順 1　副投影の視線を決める

　　　図 4.1（a）に示すように，主投影図に副投影図をつけ加えて作
　　図するには，まず，物体に対する視線とこれに垂直な副投影面を定め
　　る。

　手順 2　基準線を引く

　　　図 4.1（c）に示すように，最初に基準線 T/F を平面図と正面図
　　の間の適切な位置に水平投影面と平行に引く。正面視線（図 3.14）
　　と平面視線（図 3.15）を思い起こすと，この T/F 基準線はこれら
　　の視線に垂直に引かれる。基準線は投影図の測量の基準となる重要
　　な直線である。基準線は主投影面の端視図（4.4 節を参照）である
　　ことを認識することは副投影の上達につながる。

　　　図 4.1（c）において，基準線 T/F と同様に基準線 T/R と T/1 を
　　それぞれ視線 R と視線 1 に垂直に引く。つぎに，基準線と垂直に対
　　応線（投影線）を引き，基準線をまたいで隣接する投影図と隣接図
　　を対応づける。対応線は視線と平行になる。

　手順 3　副投影図に正面図の高さ方向の長さを写す

　　　図 4.1（a）には，物体の点 A の正面図 a_F，右側面図 a_R ととも
　　に副投影図 a_1 が描かれる。どのように，副投影図 a_1 が描かれるの
　　であろうか。図（a）では，正面投影面，右側面投影面，そして副
　　投影面はともに水平投影面と垂直になる。このような配置で物体の
　　点 A が各投影面に投影されると，三つの投影図 a_F，a_R，a_1 はすべて
　　水平投影面から下に向かって同距離 H の位置に描かれる。

　　　このような図 4.1（a）の正投影の理解によって，図（c）の主
　　投影図において副投影図 a_1 の作図が可能になる。T/F 基準線は図

（ a ）の水平投影面の「端視図」であり，水平投影面から距離 H を測ることは，主投影図で基準線 T/F からコンパスで測ることと同等である。副投影図 1 において基準線 T/1 から点 A の副投影図 a_1 までの距離 H は，正面図で基準線 T/F から a_F までの距離として測られる。

手順4　かくれ線を特定し，副投影図を完成する

　　　　3.10 節で学んだかくれ線の描き方を参照し，これを正しく引く。

手順 1 ～ 4 によって任意の数の副立面図の作図が可能になる。例えば**図 4.2** に示すように，視線 2，3 の副立面図を作図できる。このように，平面図から作図されるすべての副立面図には正面図に描かれる同じ高さ方向の長さが含まれることに留意すべきである。

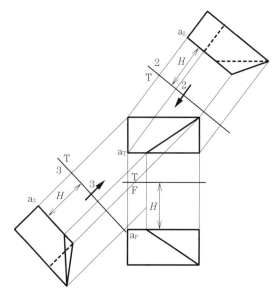

図 4.2　任意の視線の副立面図

例題 4-1 平面図からの副投影図

例題図 **4.1** のように，主投影図の平面図に対して三つの基準線 T/1（視線 1 に垂直），T/2（視線 2 に垂直），T/3（視線 3 に垂直）を引き，対応する三つの副立面図 1，2，3 を作図しなさい。

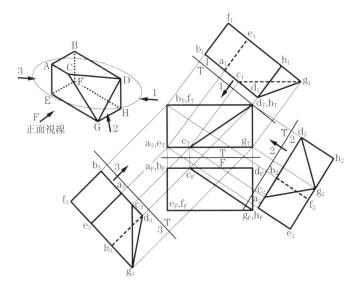

例題図 **4.1** 平面図からの副投影図

考え方

副立面図は水平投影面に平行[†]な視線から描かれた投影図であり，平面図の隣接図として描かれる。この副立面図（副投影図）には水平投影面から測った立体の高さ方向の長さが正面図から写される。副立面図 1，2，3 には一般にかくれ線が現れるので，視線 1，2，3 に沿ってなにが見えてなにが見えないのかをよく観察し，かくれ線を太い破線で描く（図 3.22）。

解答

解答図を例題図 4.1 に示す。

[†] 水平投影面に垂直な平面視線 T に垂直である。

4.2　正面図からの副投影（副平面図）

図4.3の副投影面は，正面投影面（F面）に垂直であり水平投影面（T面）と右側面投影面（R面）には傾く。4.1節で説明した副投影図（副立面図）の作図の手順にならい，物体の正面図から物体の右側面図と副投影図（副平面図）を作図する**手順1〜4**を説明する。

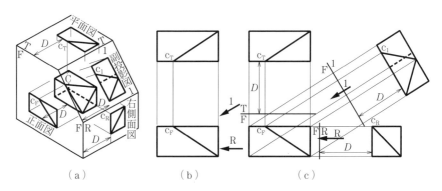

（a）　　　　　　　　　（b）　　　　　　　　（c）

図4.3　正面図からの副投影

手順1　副投影の視線を決める

　　　図4.3（b）のように正面図に向く視線Rと視線1を定める。

手順2　基準線を引く

　　　図4.3（c）に示すように，まず基準線T/Fを平面図・正面図の間の適切な位置に視線Fと垂直に引く。基準線T/Fは平面視線に対する正面投影面の端視図といえる。図（c）において，基準線T/Fと同様に基準線F/RとF/1をそれぞれ視線Rと視線1に垂直に引く。つぎに，基準線と垂直に対応線（投影線）を引く。

手順3　副投影図に平面図の奥行き方向の長さを写す

　　　図4.3（a）には，物体の点Cの正面図c_F，平面図c_T，右側面図

c_R とともに副投影図 c_1 が描かれている。図（a）では，水平投影面，右側面投影面，および副投影面は正面投影面に垂直となる。このような配置で物体の点 C が各投影面に投影されると，三つの投影図 c_T，c_R，c_1 はすべて正面投影面から奥行き方向に沿って同距離 D の位置に描かれる。

　図 4.3（a）の正投影の理解によって，図 4.3（c）の主投影図において副投影図 c_1 の作図が容易になる。基準線 T/F は正面投影面の「端視図」であり，正面投影面からの奥行き方向の距離 D の計測は，主投影図では基準線 T/F から奥行き方向の距離 D をコンパスで測ることと同等である。図 4.3（c）の副投影図 1 において基準線 T/1 から点 C の副投影図 c_1 までの距離 D は，平面図での基準線 T/F から c_T までの距離 D から測ることができる。

手順 4　かくれ線を特定し，副投影図を完成する

　　3.10 節で学んだかくれ線の描き方を参照し，これを正しく引く。

手順 1 〜 4 は，副投影による任意の数の副平面図の作図に用いることができる。**図 4.4** は視線 1 に加えて視線 2 と 3 の副平面図を示す。正面図からの副投影図には平面図の奥行きの方向の長さが描きこまれることをよく理解しよう。

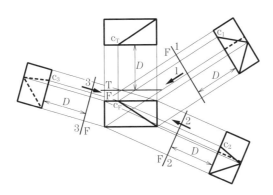

図 4.4　任意の視線の副平面図

例題 4-2 正面図からの副投影図─────────────────

　例題図 4.2 に示すように，正面図と副平面図の各基準線として，二つの
基準線 F/1（視線 1 に垂直），F/2（視線 2 に垂直）を引き，対応する三つの
副平面図 1，2 を作図しなさい。また，副平面図 1 と 2 のかくれ線を破線で
描きなさい。

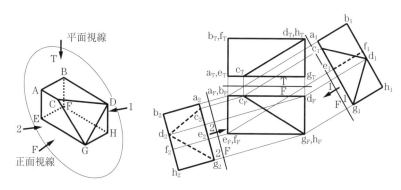

例題図 4.2　正面図からの副投影図

考え方

　副平面図は正面投影面に平行†な視線から描かれた副投影図であり，正面
図の隣接図として描かれる。副平面図には，正面図から測った立体の奥行き
方向の長さが平面図から写される。

解答

　解答図を例題図 4.2 に示す。

4.3　側面図からの副投影（副側面図）

　副投影図は左右側面図からも作図される。**図 4.5** は，主投影図（正面図・
右側面図）と副投影図の配置を示す。図4.5の副投影面は，右側面投影面（R面）
と垂直になり，ほかの二つの正面投影面（F 面）と水平投影面（T 面）に対し
て傾く。このような投影面の配置では，副投影図は右側面図と直交するので

---

†　正面投影面に垂直な正面視線 F に垂直である。

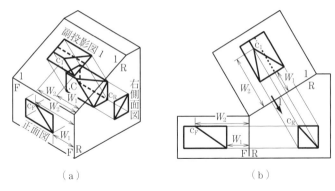

（a）　　　　　　　　　　　　　　（b）

図4.5　右側面図からの副投影

「副右側面図」ということができ，この投影図には正面図に描かれる幅方向の
長さが描きこまれる。副投影による作図を**手順1 ～ 4**に沿って説明する。

手順1　副投影図の視線を決める

図4.5（b）のように視線1を定める。

手順2　基準線を引く

図4.5（b）に示すように基準線 F/R を隣接する正面図と右側面
図の境界の任意の位置に引く。もう一つの基準線 1/R を視線1に対
して垂直に引く。このとき，副投影図が右側面図と重ならないよう
に適切な位置に引く。

手順3　副投影図に正面図の幅方向の長さを写す

正面図と副投影図は右側面図に垂直となる。これらの投影図に描
かれる物体は右側面投影面（基準線 F/R）からそれぞれの距離 W_1,
W_2 に位置する。したがって，副投影図には正面図で測られる幅方
向の長さが写される。例えば，正面図において点 C の正面図 c_F の
基準線 F/R からの距離 W_2 が，点 C の右側面投影面からの距離とし
て副投影面に写され，副投影図 c_1 が描かれる。

手順4　かくれ線を特定し，副投影図を完成する

3.10節で学んだかくれ線の描き方を参照し，これを正しく引く。

図4.6は，視線1に加えて，視線2および3によって作図され

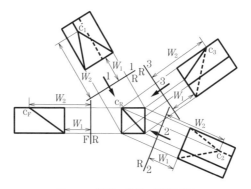

図4.6　任意の視線の副側面図

　る副側面図を示す。右側面図から描かれる副側面図には正面図の幅
方向の長さが描きこまれる。

役立つポイント5 : 副投影図の基本的性質

1. 平面図からの副投影図には正面図の高さ方向の長さが描かれる。

2. 正面図からの副投影図には平面図の奥行き方向の長さが描かれる。

3. 側面図からの副投影図には正面図の幅方向の長さが描かれる。

4. 副投影には二つ隣の投影図の長さが描かれる。

4.4　平面の端視図と実形

　4.1節〜4.3節では副投影の作図の基本について学んだ。つぎに，副投影
の応用例を見てみよう。

　平面に対して垂直な視線を向けるとその投影図には平面の実際の形状，すな
わち「実形」が描かれる（役立つポイント3）。

　例えば，**図4.7**（a），（b）に示す物体の平面 ABCDEF の実形の作図題を
考える。実形（TS）を見るために必要な視線は，図（b）に示すように平面
ABCDEF に対して垂直となる。平面 ABCDEF の「端視図（EV）」は，図（c）
の正面図に水平な直線の投影図 a_F, f_Fb_F, c_Fd_F, e_F として描かれ，視線 T はこの直

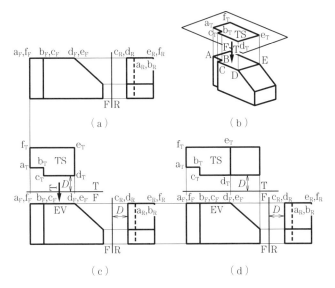

図 **4.7**　実形の作図

線に垂直となる。つまり，この端視図を視線 T で見ると端視図の実形が隣接
図の平面図に描かれる（役立つポイント 6，7）。

　図 4.7（c）に示すように，基準線 T/F を引き，基準線 F/R から各点
$a_R b_R c_R d_R e_R f_R$ までの奥行きの長さ D を平面図に写し，平面 ABCDEF を作図して，
その実形を示すことができる。得られた図（c）の平面図 $a_T b_T c_T d_T e_T f_T$ は部分
的な平面図である。完全な平面図を図（d）に示す。

役立つポイント 6： **端視図（EV）と実形（TS）**

　うちわ（平面）の柄が点に見える方向から見ると，うちわの面の端が
直線に見える（**図 3**）。平面の端視図の作図
はこの例と同様であり，平面上にある直線
を仮想的に考え，この直線の点視図を描く
視線で投影図を描くと平面の端視図を得る。
また，端視図が見える視線に垂直な視線を
平面に向けると投影図には実形が現れる。

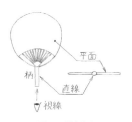

図 3　端視図

　図 4.8（a），（b）に示す物体の面 DGHE の実形図を図 4.7 の作図例と同じ手順によって作図することができる。まず，図 4.8（c）に示すように，正面図に描かれた面 DGHE の端視図 d_F，$e_F g_F$，h_F に対して垂直な視線1を定める。つぎに，図 4.8（c）に示すように，視線1と垂直に基準線 F/1 を引き，基準線 F/R から各点 $d_R g_R e_R h_R$ までの奥行き方向の長さ D を副投影図1に写して平面 DGHE の実形図を得る。最後に残りの各点を副投影図1にすべて写し，図 4.8（d）に示す副投影図1を完成する。

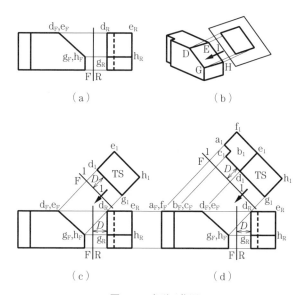

図 4.8　実形の作図

┌─ 役立つポイント7：**端視図の隣接図と実形** ─────────

　平面の端視図の隣接図には平面の実形が描かれる。

└──────────────────────────────────

章 末 問 題

【4.1】　問題図 4.1 は直線 AB の正面図と平面図を示す。以下の問いに答えなさい。

　（1）　直線 AB の実長を平面図に対する副立面図と正面図に対する副平面図の

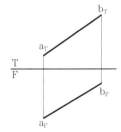

問題図 4.1　実長，水平傾角，
　　　　　　　正面傾角の作図

　　2 通りの副投影図の作図によって求め，求めた二つの実長が等しいこと
　　を示しなさい。
（2）　（1）で求めた 2 通りの投影図を用いて，直線 AB の二つの点視図を作
　　図しなさい。
（3）　直線 AB が水平投影面（T 面）となす水平傾角 θ_T と正面投影面（F 面）
　　となす正面傾角 θ_F を作図によって求めなさい。

【4.2】　**問題図 4.2**（a）と（b）は立体と視線 F，T，R，L および視線 1 ～ 5 を示
　　す。以下の問いに答えなさい。
（1）　問題図 4.2（a）の立体について，視線 R, 1, 2 の副投影図（副立面図）
　　を作図しなさい。
（2）　問題図 4.2（b）の立体と視線について，視線 L, 3, 4, 5 の副投影図
　　（副平面図）を作図しなさい。

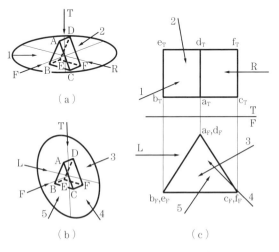

問題図 4.2　副立面図と副平面図の作図

第5章　直　　　　　線

　幾何学の定義によれば，直線は点の集合であり無限の長さをもつ。立体は面（平面と曲面）の集合として表される。図学を扱う本書では直線は線分のことを意味し，直線の主投影図を作図するには直線の両端の2点の投影図を結ぶ。直線と曲線の両方を意味する線は機械や構造物の表現要素の基本である。

5.1　直　線　の　実　長

　視線が直線に対して垂直であると，直線の投影図は「実長（TL）」となる。例えば，**図 5.1**（a）のように空間に置かれた直方体では，正面視線 F と平面視線 T は直方体の稜 AB に垂直になり，正面図 $a_F b_F$ と平面図 $a_T b_T$ は実際の長さを示す「実長」となる。

　一般に，正投影による直線の投影図は必ずしも実長とはならない。直線に対して視線が傾く投影図の長さは実長より短くなる。例えば，図 5.1（b）に示されるように，直線 AB に垂直でない視線 1 の投影図には縮小された投影図が描かれる。図（c）は，直線 AB の平面図 $a_T b_T$ が視線 1 の投影図 $a_1 b_1$ に縮小されることを示す。また，実長を示す正面図 $a_F b_F$ に隣接する右側面図 b_R, a_R は，直線 AB の「点視図」となる。

5.2　主要な直線（主直線）

　主投影面（正面投影面（F 面）・水平投影面（T 面）・右側面投影面（R 面）に平行な直線を，主要な直線として**主直線**（principal lines）と呼ぶ。このうち，

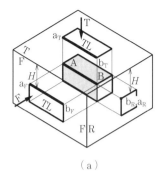

（a）

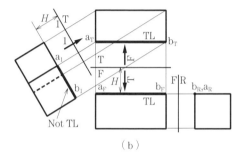

（b）

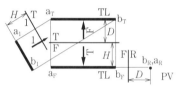

（c）

図 5.1 直線の実長

一つの主投影面と平行になり，残りの二つの主投影面に対して傾く主直線もある。主直線はどれかの投影面に平行となり図学では重要な直線として扱われる。**正面直線**（frontal line）は正面投影面に平行な直線である。**図 5.2**（a），（b）に示すように，立体の稜線 AB は水平投影面に傾き正面投影面に平行となる直線である。図（c）は直線 AB を抜き出して示す。直線 AB の平面図は基準線 T/F に平行となる。これは直線 AB は正面投影面に平行であることを意味し，直線 AB に対する正面視線は垂直となり，その正面図 $a_F b_F$ は実長（TL）となる。

┌─ **役立つポイント 8**： **投影図が基準線に平行となる直線** ──────

　　主直線は主投影面に平行であり，主投影面に垂直な視線は主直線に対して垂直となり，その投影図は実長となる。

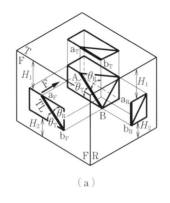

（a）

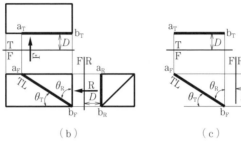

（b） （c）

図 5.2 主直線（正面投影面に実長が現れる直線）

主投影面は，主投影図（正面図・平面図・右側面図）において「端視図」となり基準線として描かれる。これにより，直線と主投影面がなす実角度は実長が描かれる投影図と主投影面の端視図（基準線）とのなす角になる。したがって，図 5.2 に示すように直線 AB の実長と水平投影面（水平面）とのなす実角度である**水平傾角**（angle of inclination to horizontal plane）θ_T と，側面投影面とのなす実角度である**側面傾角**（angle of inclination to profile plane）θ_R は正面図に描かれる（図（b），（c））。

図 5.3 は立体の稜線 AC の主投影図を示す。直線 AC は水平投影面（T 面）

─ 役立つポイント 9： **直線と主投影面とのなす角度** ────────

直線と主投影面がなす実角度は，実長の投影図と主投影面の端視図（基準線）とのなす角に等しい。

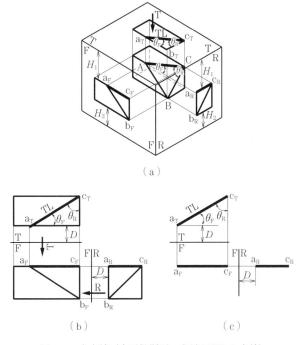

（a）

（b）　　　　　　　　（c）

図5.3 主直線（水平投影面に実長が現れる直線）

に平行な水平線である。水平線の正面図は基準線 T/F に平行になる。平面図に
対する視線は水平投影面に垂直となり，その平面図 $a_T c_T$ は実長（TL）となる。
また，平面図には正面投影面（F面）と右側面投影面（R面）の端視図が基準
線 T/F と T/R として描かれる。したがって，直線 AC が二つの主投影面となす
実角度である**正面傾角**（angle of inclination to frontal plane）θ_F と「側面傾角
θ_R」が平面図に描かれる（図（b），（c））。

　図5.4 は立体の稜線 BC の投影図を示す。直線 BC は右側面投影面（R面）
に平行であり，その正面図は基準線 F/R に平行となる。右側面視線 R は直線
BC に垂直となり，右側面図 $b_R c_R$ は実長（TL）となる。

　右側面図には正面投影面と水平投影面の端視図として基準線 F/R と T/R が
描かれる。したがって，直線 BC が正面投影面となす実角度である正面傾角 θ_F
と，水平投影面となす実角度である水平傾角 θ_T は右側面図に描かれる。

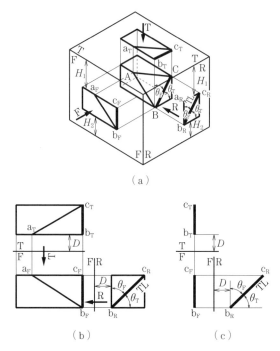

（a）

（b）　　　　　　　　　（c）

図5.4　主直線（右側面投影面に実長が現れる直線）

5.3　主投影面に傾く直線

　主投影面，すなわち正面投影面（F面），水平投影面（T面），右側面投影面（R面）に傾く直線を**傾斜直線**（oblique line）と呼ぶ。この場合，主投影面に垂直な視線は傾斜直線に対して垂直とならないために，個々の主投影図に描かれる傾斜直線の長さはその実長（TL）に比べてつねに短くなる。例えば，**図5.5**（a）に示すように傾斜直線の正面図と平面図は実長に対して短く描かれる。

　傾斜直線（ここでは鉛筆の絵で示す）の実長を求めるには，傾斜直線に対して視線を垂直にした「副投影図」を作図する。例えば，図5.5（a）の矢印で示す水平面上の視線1を傾斜直線に対して垂直にする。このために，図（b）に示すように視線1に対して垂直に基準線 T/1 を引き，副立面図として副投影

役立つポイント 10 ： 直線の実長 （TL）

1. 直線の主投影図において，一つの投影図が基準線に平行となれば，その隣接する投影図に実長が描かれる。

2. 実長が描かれた投影図の隣接図は基準線に平行となる。

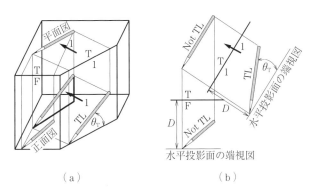

（a） （b）

図 5.5 傾斜直線の実長と水平投影面に対する実角度（水平傾角 θ_T）

図 1 を作図すると，図（a），（b）に示すように副投影図 1 に傾斜直線の実長が描かれる。

図 5.5（a），（b）の副投影図 1 には，鉛筆の芯の先が接している水平投影面の端視図が描かれ（図（b）），これは基準線 T/1 に平行となる。図（b）の副投影図 1 には，直線の実長と水平投影面の端視図が描かれ，これらのなす**実角度**（true angle）として水平傾角 θ_T が描かれる。

役立つポイント 11 ： 平面の端視図 （EV）

副投影図（副立面図，図 5.5（b））には水平投影面の端視図が描かれ，その端視図は平面図と副投影図の間に引かれる基準線に平行となる。

傾斜直線の実長は，**図 5.6**（a）の視線 1 を傾斜直線の「正面図」に垂直にすることによっても読みとれる。この場合，図（a）に示すように，視線 1 を鉛筆の正面図に垂直にすることにより「副平面図 1」に実長を描くことができる。

この副平面図 1 には基準線 F/1 に平行な正面投影面の端視図とその端視図に

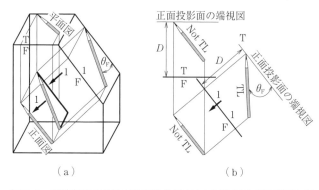

（a）　　　　　　　　　　　　　　　（b）

図 5.6　傾斜直線の実長と正面投影面に対する実角度（正面傾角 θ_F）

鉛筆の芯の先が接する鉛筆の実長が描かれる（図 5.6（b））。こうして，図（b）の副投影図 1 には，直線の実長と水平投影面の端視図が描かれ，これらのなす「実角度」の正面傾角 θ_F が描かれる。

　傾斜直線の実長は，もう一つの副投影によっても求まる。**図 5.7**（a）に示すように右側面投影面（R 面）に平行な視線を傾斜直線（鉛筆）に垂直にすると，図（b）の視線 1 は側面図に垂直となる。このように，側面図から作図される副投影図には傾斜直線の実長（TL）と右側面投影面の端視図として基準線 1/R が描かれる。こうして副投影図には，傾斜直線の実長と右側面投影面の端視図が描かれ，これらのなす「実角度」の側面傾角 θ_R が描かれる。

　図 5.5 〜 5.7 の副投影によって，傾斜直線の実長（TL）と傾斜直線と各主

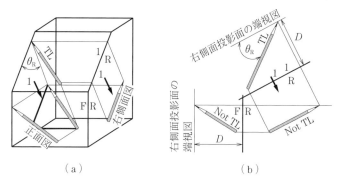

（a）　　　　　　　　　　　　　　　（b）

図 5.7　傾斜直線の実長と右側面投影面に対する実角度（側面傾角 θ_R）

投影面とのなす実角度が求まることを示した。**図 5.8** は傾斜直線の実長と傾斜直線と主投影面とのなす実角度を求める作図をまとめて示す。ここで得られる各実角度はほかの二つの実角度との関係式から求まるものではない。個々の θ_T, θ_F, θ_R を得るにはそれぞれに副投影の作図が必要になることに気をつけるべきである。

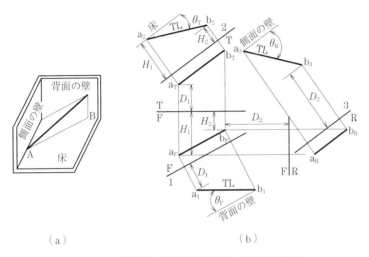

（a）　　　　　　　　　　　（b）

図 5.8 傾斜直線の実長と主投影面に対する実角度

5.4　特別な位置の直線

　図 5.9 は特別な位置にある直線を第 3 象限に示す。図（a），（b）の直線 AB と CD は，水平投影面（T 面）と正面投影面（F 面）の両方に垂直な平面上の直線である。仮に，このような直線に端点の投影図の表記（図 3.22）が記されていないと両者の区別は不可能となる。この場合，側面図の作図によってはじめて直線の空間配置の理解が可能になる。図（c）の直線 EF は両投影面に平行であり，$e_F f_F$ と $e_T f_T$ はともに実長となる。図（d）の直線 GH は正面投影面に平行であり $g_F h_F$ は実長となり水平傾角 θ_T は正面図に描かれる。図（e）の直線 IJ は水平投影面に平行であり，$i_T j_T$ は実長となり，「正面傾角 θ_F」

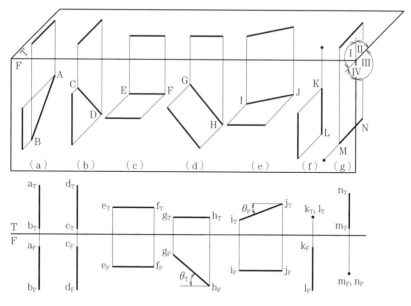

図 5.9 特別な位置にある直線

は平面図に描かれる。図（f）の直線 KL は正面投影面に平行であり，$k_F l_F$ は
実長となり，直線の両端の K，L の平面図は重なって点視図 k_T, l_T となる（役
立つポイント 12）。図（g）の直線 MN は水平投影面に平行であり，$m_T n_T$ は
実長となり，直線の両端の M，N の正面図は重なって「点視図 m_F, n_F」となる。

直線 GH や IJ のように θ_T，θ_F のいずれかが 0° となる直線を「単角度の直線」
といい，図 5.8 の直線 AB のように主投影面に傾く任意の位置，すなわち $\theta_T \neq$
0，$\theta_F \neq 0$ に置かれた直線を「複角度の直線」という。

直線のみならず，図形が単角度に置かれているときには，その実長・実形を

役立つポイント 12： 直線の実長（TL）と点視図（PV）

一つの投影図において直線が点視図となると，隣接する投影図は基準
線に垂直な実長が描かれる（図 5.9（f））。

求めることは容易であるが，複角度の図形では，第4章，第7章の「副投影」
による実長・実形の作図が必要になる。

　　例題図 5.1（a）は立体を示し，例題図（b）はその立体の正面図と平面
図を示す。以下の問いに答えなさい。

（1）　例題図 5.1（c）は直線 GII の正面図を示す。GH の平面図を作図し，
　　　その実長を求めなさい。

（2）　例題図 5.1（d）は，直線 CG の平面図を示す。直線 CG の実長を
　　　正面図に作図しなさい。

（3）　例題図 5.1（e）は，直線 CD の正面図と平面図を示す。直線 CD
　　　の実長，CD と正面投影面とのなす正面傾角を θ_F，CD と水平投影
　　　面とのなす水平傾角を θ_T を作図しなさい。

解答

解答図を**例題図 5.2** に示す。

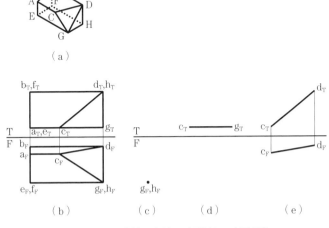

（a）

（b）　　　　（c）　　　　（d）　　　　（e）

例題図 5.1　直線の実長，正面傾角，水平傾角

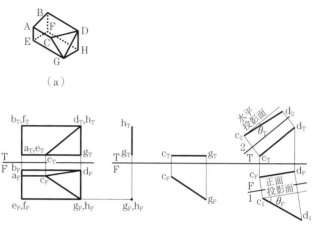

例題図 5.2　直線の実長，正面傾角，水平傾角

5.5　直 線 の 点 視 図

　直線に平行な視線に対する直線の投影図は点として描かれる。この点となる
投影図を「点視図（PV）」という。図5.9の（f）と（g）は点視図の例であ
り，この場合隣接図の直線は基準線に垂直となる。直線の点視図を作図するに
は**図5.10**に示すように実長（TL）の現れている直線に対して，垂直に基準線
を引いて副投影図を作図すればよい（役立つポイント12）。

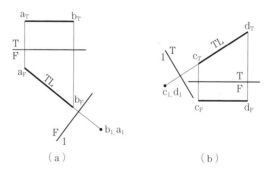

図5.10　直線の点視図の作図

　図5.11に示すように正面図にも平面図にも実長（TL）が現れていない直線
ABに対しては，まず副投影図1によって実長 a_1b_1 を作図し（役立つポイント
10），つぎにその実長に対して垂直な基準線1/2を引いて，二次副投影図（第
7章を参照）として点視図 $\dot{b_2}, \dot{a_2}$ を作図すればよい（役立つポイント12）。実
長でない投影図 a_Fb_F に対して基準線F/3を引いて，投影図 a_3b_3 を作図しても
点視図（PV）とはならないので注意が必要である。

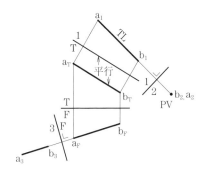

図5.11　点視図の作図と
　　　　点視図とならない作図

5.6　直　線　上　の　点

　点が空間に置かれた直線上にあれば，その点の投影図は直線のあらゆる投影
図上にある（役立つポイント4）。このとき点の投影図は隣接する投影図との
間に引かれる対応線の上にある。したがって，ある点が直線上にあることがわ
かっていれば，**図5.12**に示すように点Cの投影図（正面図，平面図，右側面

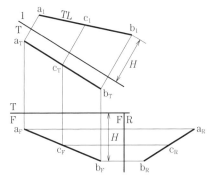

図5.12　直線上の点

図）は，すべて直線の投影図の上にあることになる。

　ただし例外があり，**図 5.13**（ a ）に示すように直線の投影図が基準線に垂直となる場合には，点 X の平面図は正面図 x_F だけからは決まらない。このような場合には，図（ b ）に示すように直線の投影図が基準線に垂直とならない投影図として「右側面図」を追加して作図するとよい。そこで，平面図の奥行き方向の長さ D_1 を右側面図に写して右側面図を作図する（図（ b ））。こうして，右側面図の x_R の基準線 F/R からの距離 D_2 を平面図に写すことにより点 X の平面図の投影図 x_T を定めることができる。

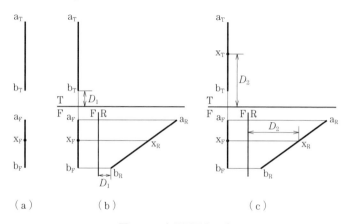

図 5.13　右側面図上の点

　これと似たケースとして，直線の投影図が基準線にほとんど垂直な直線の投影図が想定される。この場合，対応線が直線の投影図に非常に浅い角度で交わることになるので，交点の位置精度を出しにくくなり注意が必要である。このときにも，上述のように直線の投影図が基準線に対し直角近傍にならない投影を追加するとよい。

　直線上の各点の相対的位置関係はたがいの配置から決まる。点と点の関係としてたがいに上方下方，前方後方，左右の位置関係が生じる。**図 5.14**（ a ）は直線と点の典型的な位置関係を示す。図（ b ）は点間の位置関係を投影図上の長さで示す。投影図には一般に実長が現れないので，図（ b ）の位置関係の表現は，点 X が点 A の真後ろにあるとか，点 X が点 A から D だけ離れた位

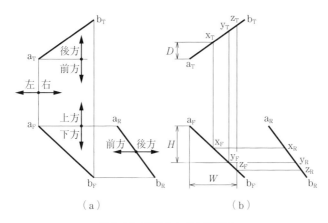

図 5.14　直線上の点の投影図

にあるということを必ずしも意味しない。

　直線を与えられた比で分割する点は，すべての投影図において同一比で各投影図を分割する。図 5.15 に示すように，直線 AB の副投影図 1 に描かれる実長（TL）は三つの同じ長さの線分に分割される。x_1 と y_1 に対して対応線を引いて右側面図と正面図に戻すと，直線 AB は右側面図と正面図において同様に 3 等分に分割されることがわかる。したがって，副投影図に実長を直接描かなくても直線の分割ができることがわかる。実長を分割した線分の長さを知りたい場合には副投影による実長の作図が必要になる。

　たがいに交わる直線は一つの交点を共有する（直線と平面の交点については

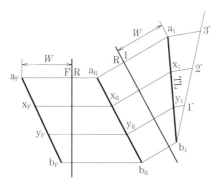

図 5.15　直線を等分割する点

第 8 章を参照）。交点が 2 直線によって共有されるためには，交点の投影図は隣接する投影図を結ぶ一つの対応線上になければならない。例えば，**図 5.16** に示すように，点 X の正面図と平面図の投影図 x_F と x_T は一つの投影線上にある。点 X の二つの投影図は直線 AB と CD の投影図上にあり，しかも点 X の投影図が一つの投影線で対応づけられていることから，点 X は 2 直線の交点であることが証明される。投影図を追加して作図すると，図 5.16 の右側面図に示すように点 X の投影図 x_R は正面図と右側面図を結ぶ投影線によって対応づけられることが確認できる。

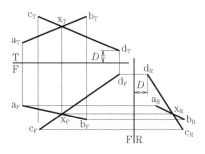

図 5.16　交わる二つの直線

役立つポイント 13 :　**交点**

　2 直線の投影図上のみかけの交点が隣接する投影図において 1 本の投影線で対応づけられていればその点は実際の交点である（図 5.16）。

これに対し，**図 5.17** の正面図において 2 直線 EF と GH が交差するみかけ

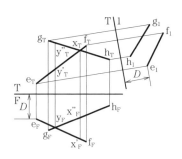

図 5.17　交わらない二つの直線

の点 y_F は，平面図では点 y'_T と y''_T の 2 点に分かれる。同様に，同図の平面図において EF と GH が交差するみかけの点 x_T は正面図では x'_F と x''_F の 2 点に分かれる。したがって，この 2 直線は一つの交点を共有することなく，たがいに交わらないことが証明される。これは，同図の副投影図 1 の作図によって 2 直線は交わらないことを明示できる。

章　末　問　題

【5.1】　以下の問いに答えなさい。

（1）　**問題図 5.1**（a）について，直線 AB に平行で実長が l の直線 CD の主投影図と直線 AB の右側面図を作図しなさい。

（2）　問題図 5.1（b）について，正面投影面に平行で，水平傾角 θ_T が 30°，実長が l の直線 AB を作図しなさい。また，AB の点視図を作図しなさい。

（3）　問題図 5.1（c）について，水平投影面に平行で，正面傾角 θ_F が 30°，実長が l の直線 AB を作図しなさい。また，AB の点視図を作図しなさい。

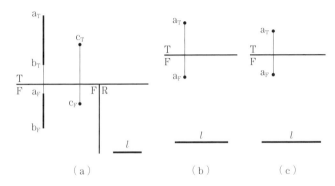

問題図 5.1　直線の実長，正面傾角 θ_F，水平傾角 θ_T

【5.2】　**問題図 5.2** の直線 AB の実長と右側面傾角 θ_R を求めなさい。

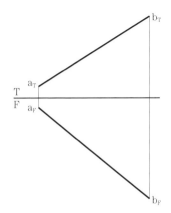

問題図 5.2　直線の実長と右側面傾角 θ_R

第6章　平面

　2点を結ぶすべての直線が面上にあるとき，その面を平面という。また，平面は1点と1直線，たがいに交わる2直線，あるいはたがいに平行な2直線で定まる。特にことわらない限り，本書では面は平面のことを意味する。一般に平面は無限の広がりをもち，平面上の2直線はたがいに交わるか平行かのいずれかとなる。平面は空間を囲み，機械構造物の構成要素や材料内部の応力場が作用する断面を形成する。

6.1　平 面 の 表 現

　図6.1（a）に示すように，平面はたがいに交わる2直線によって定まる。平面は図（b）〜（d）に示すように，平行な2直線（図（b）），1直線上にない3点（図（c）），また一つの直線と1点によって定まる（図（d））。平面を作図するには，図（b）〜（d）の表し方において補助線として点線を加えて引けば，これらはすべて図（a）の表し方に帰着される。

　これらの平面の主投影図を図6.2（a）〜（d）に示す。図（b）〜（d）の点線の補助線を考慮した投影図は通常，図（a）に置き換えられて表現される。

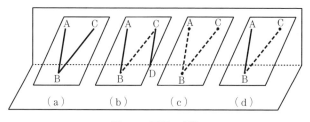

図6.1　平面の表現

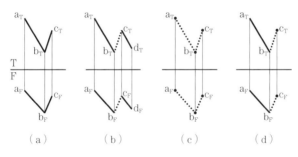

図 6.2 平面の主投影図

6.2 特別な位置の平面

図 6.3 は，いくつかの特別な位置に置かれた平面の投影図を示す。図（a），
（b）に示すように，水平投影面（T面），あるいは正面投影面（F面）に平行
に置かれた平面の正面図 a_F, b_Fd_F, c_F や平面図 e_T, h_Tf_T, g_T は直線で描かれる「端
視図」となる。図（c），（e）のように「正面傾角 θ_F」と「水平傾角 θ_T」が

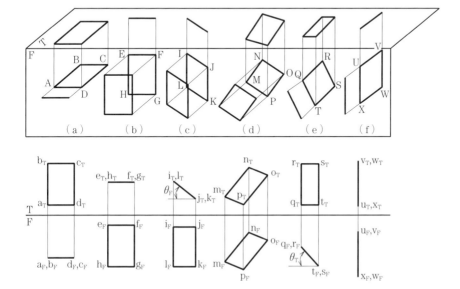

図 6.3 特別な位置の平面

投影図に現れる平面を「単角度の平面」という。図（d）は水平投影面，正面投影面の両投影面に傾く。図（f）は水平投影面と正面投影面の両投影面に垂直な平面であり，両投影図は端視図となり直線で描かれる。

6.3 平面上の点

直線が平面上にあれば，直線上のすべての点は平面上にある。直線は平面上の2直線と交わるように引かれるか，あるいは，直線は平面上のある点を通り平面上の別の直線に平行に引かれる。

図 6.4 に示すように，三角形平面 ABC 上の点 P の平面図 p_T が与えられたとき，点 P の正面図 p_F を求めるには**手順 1 ～ 3** の作図をすればよい。

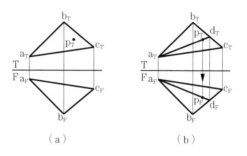

（a）   （b）

図 6.4 平面上の点の正面図を求める作図

手順 1　平面図において，a_T と p_T とを結び，平面 ABC の辺 b_Tc_T との交点を d_T とする。

手順 2　直線 AD は平面 ABC 上の直線である。点 D は直線 BC 上の点であるから，d_T から正面図に向かって対応線を引き，正面図において b_Fc_F との交点 d_F を求める。

手順 3　a_Fd_F を結ぶと点 P は直線 AD 上の点であるから，p_T から対応線を引き，a_Fd_F との交点として p_F が求まる。

[例題 6-1]　**平面上の点を求める**─────────

　例題図 **6.1**（a）の平面 MNO と平面上に点 A が与えられている。平面

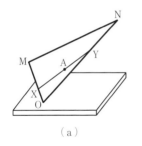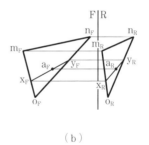

（a）　　　　　　　　　　　（b）

例題図 **6.1**　平面上の点の特定

MNO の正面図，右側面図と点 A の正面図 a_F が例題図（b）のように与えられるとき，点 A の右側面図を求めなさい。

解答

例題図 6.1（b）の正面図において，直線 $x_F y_F$ を a_F を通るように引く。正面図 x_F と y_F はそれぞれ直線 OM と ON 上の点であるから，正面図から右側面図に対応線を引き，対応線と右側面図の $o_R m_R$ と $o_R n_R$ との交点から x_R と y_R が定まる。つぎに，正面図の a_F から右側面図に対して対応線を引き，これと $x_R y_R$ との交点から点 A の右側面図 a_R が求まる。

6.4　平面上の直線

6.3 節の平面上にある直線上の点に関する考えは平面上の直線の位置決めに応用できる。**図 6.5**（a）に示すように五角形の未完の正面図（e_F が定まって

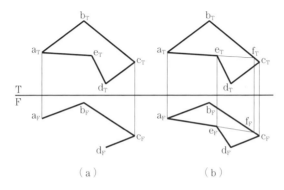

（a）　　　　　　　　　　（b）

図 6.5　平面上の点と直線の特定

いない）が与えられているとしよう。図（b）の平面図において $a_T e_T$ を延長し直線 BC 上に交点 F を求める。その正面図において $a_F f_F$ を引き e_T からの対応線と $a_F f_F$ との交点から e_F が求まる。

　直線が平面上にあるためには，その直線が平面図形の周辺と交わる点の隣接図が対応線によって 1：1 に対応していなければならない。これにより，**図 6.6**（b），（c）の直線 LM は平面上にないことがわかる。

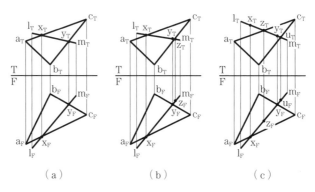

（a）　　　　　　　（b）　　　　　　　（c）

図 6.6　平面上の直線

　一方，点が平面上にあるためには，その点を通る平面上の直線が存在しなければならない。したがって，**図 6.7**（b）の点 X は平面 ABC 上の直線 LM 上にないので，平面上の点ではない（役立つポイント 14）。

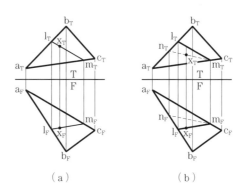

（a）　　　　　　　　　　（b）

図 6.7　平面上の点の特定

役立つポイント 14：**平面上の直線**

　直線が平面上にあるためには，その直線が平面図形の周辺と交わる点と直線上の点の隣接図が対応線によって 1：1 に対応していなければならない（図 6.7）。

例題 6-2 平面上の直線を求める─────

　例題図 6.2（a）に示すように，三角形平面 ABC 上にある直線 MN の正面図 $m_F n_F$ が与えられている。直線 MN の平面図 $m_T n_T$ を求めなさい。

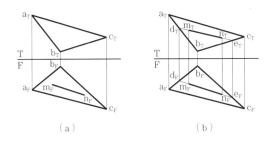

例題図 6.2 平面上の直線の特定

解答

（1）直線 MN が平面 ABC の辺 AB，辺 BC と交わる点 D と E を定める（例題図 6.2（b））。

（2）直線 MN は直線 DE に重なるため，直線 MN の平面図は $d_T e_T$ と重なる。

（3）m_F と n_F から対応線を引くことにより $m_T n_T$ が求まる。

6.5　平面上の特別な直線

　図学の問題では平面上の直線として，主投影面の正面投影面（F 面）・水平投影面（T 面）・右側面投影面（R 面）に平行な直線を定めることが，多くの場合必要になる。**図 6.8**（a）に示すように，平面 ABC 上の直線 AF の平面

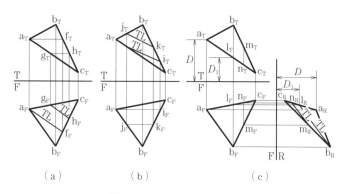

（ａ）　　　　　　　　（ｂ）　　　　　　　　（ｃ）

図 6.8　平面上の実長の作図

図 $a_T f_T$ を基準線 T/F に平行に引くことにより，正面投影面に平行な直線 AF を意図して作図する。直線 BC 上の点 F の平面図 f_T から正面図に対応線を引くことにより，点 F の正面図 f_F が定まる。直線 AF の正面図 $a_F f_F$ の隣接図 $a_T f_T$ は基準線 T/F に平行であるので，$a_F f_F$ は直線 AF の「実長（TL）」となる（役立つポイント 10）。図（ａ）の GH も正面投影面に平行な直線として引くことができる。このほか，正面投影面に平行なすべての直線は AF に平行となる（役立つポイント 15）。ただし，正面投影面上の直線は必ずしもたがいに平行ではない。

　同様に，図 6.8（ｂ）に示すように水平投影面に平行な平面 ABC 内の直線として，直線 AI の正面図 $a_F i_F$ と対応する平面図 $a_T i_T$ を作図することができる。こうして，水平投影面に平行なすべての直線は AI に平行となる。

　図 6.8（ｃ）の直線 BL の右側面図 $b_R l_R$ を作図するには，まず正面図，平面図に対して対応線を引き，平面 ABC 上の直線 BL の正面図と平面図を作図する。つぎに，平面図の奥行き方向の長さを右側面図に写し $b_R l_R$ を作図する。同一平面上にあって側面投影面に平行な直線は，平面自身が側面投影面でない限りはたがいに平行となる。

役立つポイント 15：　各投影面に平行な平面上の直線

　同一平面上にあって投影面に平行な直線群はたがいに平行となる。

平面上の点を求める────────────

例題図 **6.3** の三角形平面 ABC の辺 AB は水平面 T' 内にあり，平面 ABC の辺 AC は直立面（背面）F' 内にある。AB から高さ H，AC から距離 D にある点 K の位置を定めなさい。

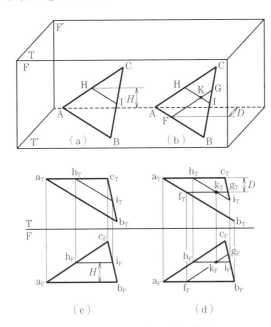

例題図 6.3 平面上の点の特定

解答

（1） 例題図 6.3（c）のように，平面 ABC 上にあって，水平投影面に平行で T' から高さ H の位置に直線 HI（正面図 $h_F i_F$ と平面図 $h_T i_T$）を作図する。

──役立つポイント 16： 空間における図形解析 ────

解析・測量を伴う図学の問題を解く際には，これらを切り分けて取り組むとよい。解析では論理の積上げが重要となる。測量では論理を作図手順として記述することが必要となる。これを念頭に置くことは，論理思考なしに作図を始めてしまうことの抑制に効果的である。

（2）　つぎに，例題図6.3（d）に示すように，平面 ABC 上にあって，正面投
　　　影面に平行で F' から手前方向に距離 D の位置に直線 FG（平面図 f$_T$g$_T$ と
　　　正面図 f$_F$g$_F$）を作図する。

（3）　HI と FG の交点から点 K（k$_F$ と k$_T$）が定まる。

6.6　平面の端視図

　平面に平行に視線を向けると，平面は見えず平面の端が直線に見える（役立
つポイント6）。**図 6.9**（a）は正面視線（図3.18（a）を参照）に平行な配
置の三角形平面 ABC の主投影図である。図6.9（b）は平面視線（図3.18
（b）を参照）に平行な配置の平面 ABC の主投影図である。このように平面が
直線に見える投影図を平面の「端視図」という。図6.9（a）の平面は正面投
影面（F 面）に垂直であり，図6.9（b）は水平投影面（T 面）に垂直といえる。

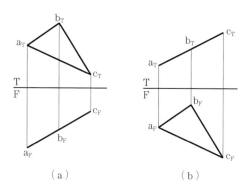

（a）　　　　　　　　　　　　（b）

図 6.9　端視図の主投影図

　平面の端視図では，平面上のすべての直線は端視図の直線に重なる。視線に
平行な平面上の直線は端視図の直線上の点となる。したがって，平面の端視図
を得るには平面上の任意の直線を点視図として見る視線方向の副投影図を作図
すればよい。

　このとき，平面上の直線は任意であるが点視図を求めやすい直線を選ぶとよ
い。例えば，正面図や平面図で実長が現れている直線に対しては，1回の副投

影によって点視図を作図でき都合がよい。

　正面視線に垂直な直線は正面図に実長が現れる。逆に，平面視線に垂直な直線は平面図に実長が現れる。これらの直線を平面上の**実長直線**（true length of a line）と呼び，平面の端視図の作図に用いられる。

役立つポイント 17： `平面の端視図`

　　平面の端視図を作図するには平面上の任意の直線を点に見る点視図の視線方向の副投影図を作成すればよい。

　図 6.10 は三角形平面の端視図の作図を示す。図（a）に示すように，平面 ABC 上に水平直線 MN を引き MN の実長 $m_T n_T$ を作図する。つぎに，この $m_T n_T$ に垂直な基準線 T/1 に対する副投影図 1 を作成する。そうすると平面 ABC の端視図 $c_1 m_1, n_1 b_1$ を得る。このとき，水平直線（この場合，MN）は基準線 T/1 の方向を決めるのに必要であるが，水平直線は任意であり，点の対応が少なくてすむ水平直線 AD のような水平直線を用いると作図の工数が減って都合がよい（図（b））。これにより，副投影図 1 に平面 ABC の端視図 $c_1 a_1$, $d_1 b_1$ を得る。

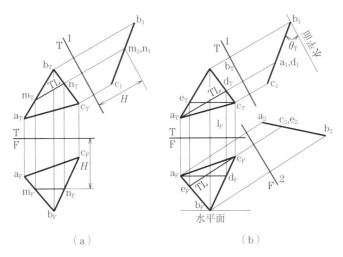

（a）　　　　　　　　　　　　（b）

図 6.10　三角形平面の端視図の作図

　図 6.10（b）の平面図に示すように，正面投影面に平行な直線 CE の $c_T e_T$ を用いた同様の作図によっても副平面図 2 として端視図 $a_2 c_2$, $e_2 b_2$ を得ることができる。

　平面が水平面となす角を「水平傾角 θ_T」という。5.3 節では直線と水平面となす角を水平傾角 θ_T としてその作図法を説明した。平面の水平傾角を求めるには図 6.10（b）に示すように副投影図 1 として平面の副立面図による端視図を作図すればよい。**図 6.11** は四角形平面 ABCD の端視図と水平傾角 θ_T の作図例を示す。

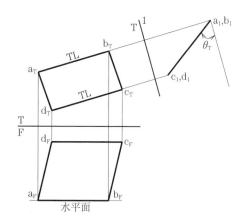

図 6.11　四角形平面の端視図の作図

章　末　問　題

【**6.1**】　**問題図 6.1** に示す三角形平面 ABC の実形を作図しなさい。

【**6.2**】　**問題図 6.2** に示す三角形平面 ABC の実形を作図しなさい。ただし，副投影の回数を 2 回までとする。

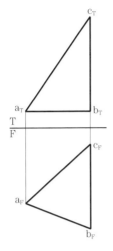

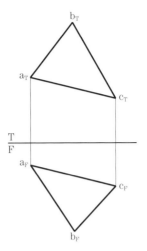

問題図 6.1　平面の実形　　　**問題図 6.2**　平面の実形

第7章　高次副投影

　1次副投影は六つの基本の投影図（正面図，平面図，右側面図，左側面図，背面図，下面図）から求められる。第4章で説明したように1次副投影の副投影面は三つの主投影面（正面投影面・水平投影面・右側面投影面）のうちの一つに垂直となり，残りの二つの投影面に対して傾く。2次副投影では1次副投影図から2次副投影図を作図する。隣接する二つの副投影図はたがいに垂直な副投影面上に描かれるので2次副投影の投影面は1次副投影の投影面に垂直となる。高次副投影では，空間において任意の視線を定め主投影図に対して2回以上副投影を行う。いくつかの例では2次副投影図から3次副投影が必要となる場合もある。理論的には，4次，5次，…と際限なく副投影を連鎖的に続けることができる。

7.1　2次副投影図の作図

　図 7.1 には点 A の正面図 a_F と平面図 a_T が描かれている。ここでは，点 A に対して視線1の1次副投影と視線2の2次副投影を連続して行って得られる二つの副投影図の作図手順を説明する。

　図 7.1（a）は点 A の平面図に対する視線1の1次副投影（第4章を参照）による作図を示す。図（a）の左図に示すように，正面投影面と副投影面は両方ともに水平投影面に垂直となる配置をとる。したがって，図（a）に示すように a_F と a_1 は基準線 T/F および T/1 から，あるいは水平投影面から高さ H だけ鉛直下向きの位置にある。したがって，正面図に描かれている基準線 T/F から a_F までの高さ方向の長さ H を副投影図に写すことにより，a_1 を副投影図として描くことができる。このようにして第4章で説明したように a_1 を求め，引き続き図（b）に示すように点 A の **2次副投影図**（successive auxiliary

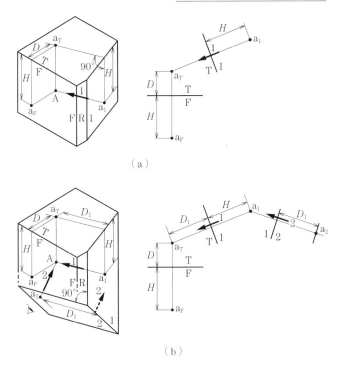

（a）

（b）

図 7.1 1次・2次副投影図の作図

view）を**手順 1 ～ 4** に従って求める。

手順 1　2 次副投影の視線を決める

　　　図 7.1（b）において視線 2 を矢印 2 のように定める。実際の問題では視線は求めたい投影図法が得られるように定められる。

手順 2　基準線を引く

　　　図 7.1（a）で基準線 T/1 に対して作図した副投影図 a_1 に対して，連続してもう一つの基準線 1/2 を視線 2 に垂直に引く．このとき，先に描いた 1 次副投影図 a_1 に 2 次副投影図 a_2 が重ならないように基準線 1/2 を適切な位置に引く．

手順 3　副投影図 2 に対応する投影図から長さを写す

　　　図 7.1（b）の作図では，点 A の平面図 a_T が描かれる水平投影面と 2 次副投影面はともに 1 次副投影面に垂直となる．したがって，2 次副投

影図 a_2 と平面図 a_T はともに1次副投影面から奥行き方向の同距離 D_1 に位置する。したがって，平面図において副投影面1からの奥行き方向の距離 D_1 を読みとり，これを副投影図2に写すことにより a_2 が求まる。

手順4　副投影図を完成する

　　一連の副投影図を連続して作図する高次副投影は，上記の手順のくり返しにより実現できる。**図7.2** に示すように3次副投影図を続けて作図すると，一般に中央の投影図の投影面に対して両側の二つの投影図の投影面はたがいに垂直となる。同図では3次副投影図 a_3 は定めた視線3に対して描かれる。理論的には，4次，5次，…副投影図 a_4, a_5, …を際限なく作図できる。実際には2次副投影を超える高次副投影の作図題は少ない。

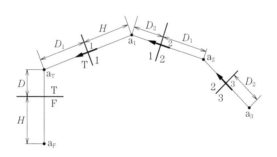

図7.2　連続的な副投影図の作図（3次副投影図の追加）

例題7-1　平面図からの2次副投影

　　例題図7.1 に示す立体を視線 XY から見た副投影図を作図しなさい。ここで，空間に配置された視線 XY の矢印図形の主投影図を，正面図 $x_F y_F$ と平面図 $x_T y_T$ で表す。

考え方

（a）　空間に配置された視線 XY で立体を観察することは，視線 XY の矢印図形の点視図の視線で立体を見ることと等価である。

（b）　そこで，矢印図形の点視図を作図するために2次副投影（2回の副投影）を行う。1次副投影で矢印図形の「実長」$x_1 y_1$ が得られ，続

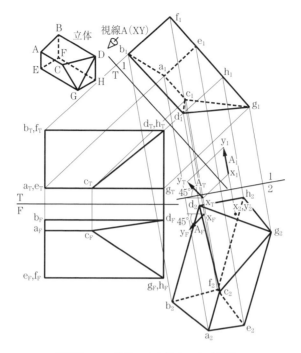

例題図 7.1　視線 A から見た 2 次副投影図

　く 2 次副投影で「点視図」$x_2 y_2$ を得る。

（c）　これと連動して立体に対して同様な 2 次副投影を行えば，視線 A（XY）から見た立体の 2 次副投影図が得られる。

解答

（1）　視線 A の平面図 A_T である $x_T y_T$ に平行に副基準線 T/1 を引き，$x_T y_T$ と立体の副投影図 1 を作図する。

（2）　これにより視線 A の副投影図 A_1，すなわち，$x_1 y_1$ の点視図を作図する。$x_1 y_1$ に垂直に副基準線 1/2 を引き，$x_1 y_1$ の点視図 x_2, y_2 と立体の副投影図 2 を作図する。副投影図 2 には，視線 A が点視図となる視線（視線 A_1）から見た立体の投影図が描かれる。

例題 7-2　平面図からの 2 次副投影

　例題図 7.2 に示す家屋の，視線 XY 方向から見た副投影図を作図しなさい。ここで，空間に配置された視線 XY の矢印図形の主投影図を，正面図 $x_F y_F$ と

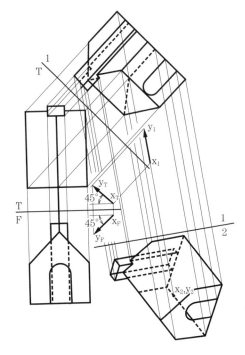

例題図 7.2　視線 XY から見た
2 次副投影図

平面図 $x_T y_T$ で表す。

解答

　例題図 7.2 に解答図を示す。x_2, y_2 は視線 XY の点視図である。

7.2　直 線 の 点 視 図

　図 7.3 では直線 AB の実長は正面図に描かれる（役立つポイント 10）。実長 $a_F b_F$ に平行な視線 1 は直線 AB に平行な視線となり，図（ b ）の視線 1 による副投影図 a_1, b_1 は「点視図（PV）」になる（図（ b ））。直線の点視図の作図は図学の重要な基本作図の一つである。

　これとは対照的に平面図 $a_T b_T$ に平行な視線 R（右側面投影面に垂直）は直線 AB に平行とはならないので，$a_T b_T$ は実長（TL）とはならない（図 7.3（ b ））。したがって，右側面図は点視図（PV）にならない。直線の点視図を作図する

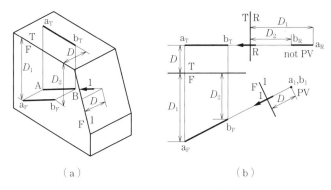

図7.3 正面投影面に平行な直線の点視図

には，視線は直線の実長の投影図に平行でなければならない。したがって直線の実長が投影図に描かれていない場合には，点視図を描くために実長の作図が必要になる（役立つポイント 12）。**図7.4**（a）には主投影面に傾いた直線 AB の正面図と平面図が描かれており直線 AB の点視図の作図法を説明する。$a_F b_F$ も $a_T b_T$ も実長ではない。そこで，まず実長の副投影図を作図しよう。視線を平面図に対して垂直にとることによりその実長の副投影図 $a_1 b_1$ を作図することができる（図7.4（a））。つぎに，図7.4（b）に示すように視線2を副投影図 $a_1 b_1$ に平行にとると，副投影図 a_2, b_2 は「点視図」になる。ここで，直線 AB の実長視線，すなわち基準線 T/1 に垂直な視線では基準線から平面図 $a_T b_T$ の線上のすべての点まで測った距離は同一距離 D になることを確認しよう。

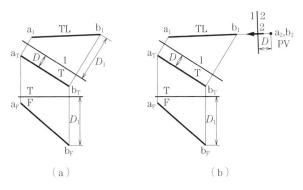

図7.4 主投影面に傾斜した直線の点視図

役立つポイント 18：**点視図（PV）**

　直線の実長図に対して視線を平行にとる直線は点に見え，点視図を作図できる。

　直線の点視図の作図は図学の作図題において重要である。この作図は，例えば直線と点の間の実距離を求める作図としても重要である。そこで，機械工学の観点から機械部品間のクリアランス（可動部におけるすきまなど）を求めるつぎの例題を考えてみよう。

| 例題 7-3 | 直線と点の間の実距離を求める────────────

　例題図 **7.3** に示すように，点 O に中心をもつ球と中心線 AB をもつ円柱パイプとのすきまを作図によって求めなさい。

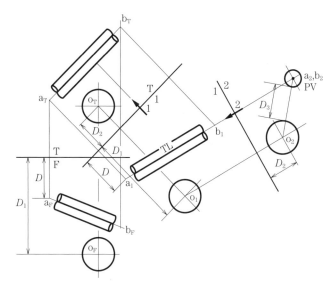

例題図 7.3　球と円柱パイプのすきまの作図

考え方

　円柱パイプの中心線 AB を点視図として見ることにより直線 AB と点 O 間の実距離を測り，球と円柱パイプのすきまを測ることができる。

解答

　視線1をa_Tb_Tに垂直にすると円柱パイプの実長の副投影図a_1b_1を得る。つぎに，視線2をa_1b_1に平行に向けると，パイプの中心線の点視図a_2, b_2と点Oを中心にもつの球の副投影図o_2を得る。さらに，この副投影図2には円柱パイプの両端の実形図が円として描かれる。球の投影図はつねに円であるので球とパイプのすきまはD_3として測られる。

7.3　平 面 の 実 形

　工業設計の現場では平面の実形の作図が重要となる。平面に対して平行に視線を向けると端視図が得られる。視線を平面に平行にすると平面内の直線に対しても視線は平行となり，個々の直線に対する点視図を得る。したがって，平面内の直線に対して点視図を描くと点視図の集合として平面の端視図を得る（役立つポイント6）。

　図7.5（b）の正面視線Fは実長（TL）の平面図a_Tb_Tに平行であり，その正面図は点視図a_F, b_Fとなる。直線DCについても平面図に実長が現れるので正面図は点視図d_F, c_Fとなる。このようにして，平面ABCDは点視図の集合として「端視図a_F, b_Fd_F, c_F」を得る。

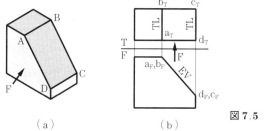

（a）　　　　　　　　（b）　　　　**図7.5**　平面の端視図

　図7.6（a）に示す立体は主投影面に平行な平面と傾く平面の両方を含む。図（b）はその主投影図である。図（c）に示す平面ABDCの主投影図を見ると，直線ACとBDは水平投影面（T面）に平行であり（水平線），その正面図a_Fc_Fとb_Fd_Fは基準線T/Fに平行である。したがって，その平面図には実

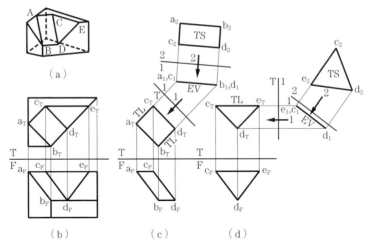

図7.6　傾斜した平面の端視図と実形図

長 $a_T c_T$ と $b_T d_T$ が描かれる（図（c））。続いて，実長（TL）の投影図 $a_T c_T$ に垂直な視線 1 の副投影図 1 を作図すると，平面 ABDC の端視図 a_1, $c_1 b_1$, d_1 を得る。さらに続けて副投影図 1 に対して視線 2 の副投影図 2 を作図すると平面 ABDC の実形図 $a_2 b_2 d_2 c_2$ を得る。同様にして，平面 CDE の端視図 e_1, $c_1 d_1$ と実形 $c_2 d_2 e_2$ を得る（図（d））。

表7.1 は高次副投影による幾何学測量をまとめて示す。

表7.1　高次副投影による幾何学測量

幾何学測定対象	視線	
	空間	主投影図
1.　直線の実長 （TL：True Length）	直線に対して垂直	直線の投影図に対して垂直，あるいは直線の点視図を向く方向（隣接図からの視線）
2.　直線の点視図 （PV：Point View）	直線に対して平行	直線の実長の投影図に対して平行
3.　平面の端視図 （EV：Edge View）	平面に対して平行	平面内の直線の実長の投影図に対して平行，あるいは平面の実形の投影図を向く方向（隣接図からの視線）
4.　平面の実形 （TS：True Size view）	平面に対して垂直	平面の端視図に対して垂直

例題 7-4　実形図の作図━━━━━━━━━━━━━━━━━━━━━━━━━━━━

　例題図 7.4（a）に示す四角形 ABCD の実形図を作図しなさい。

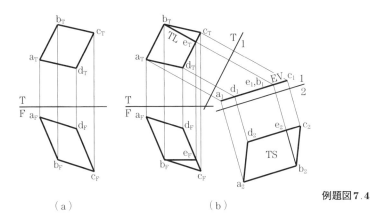

（a）　　　　　　　　　　　　（b）

例題図 7.4

解答

　例題図 7.4（b）に解答図を示す。

例題 7-5　実形図の作図━━━━━━━━━━━━━━━━━━━━━━━━━━━━

　例題図 7.5 に示す三角形平面 ABC に内接する円を作図しなさい。

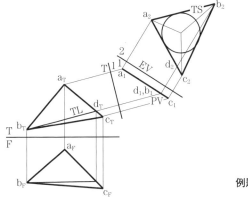

例題図 7.5

解答

　例題図 7.5 に解答図を示す。

章 末 問 題

【7.1】 **問題図7.1**の四角形 ABCD の∠BAD の2等分線を作図しなさい。

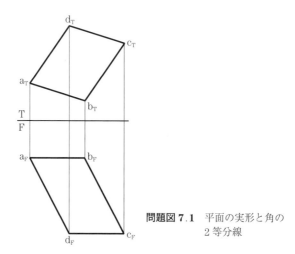

問題図7.1 平面の実形と角の
2等分線

【7.2】 **問題図7.2**の立体の平面 M の端視図を含む副投影図と平面 N の端視図を含む副投影を作図しなさい。

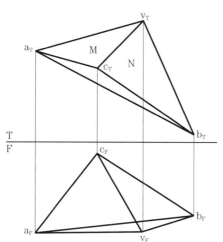

問題図7.2 平面の端視図

第8章　直線と平面の関係

本章では，これまでに学んだ主投影，1次副投影，高次副投影や本章で学ぶ切断平面法などの図学の技法を応用し，直線と平面の幾何学的関係として，「直線と平面の交点」，「平面と平面の交線」，「平面と平面がなす角」の図式解法について学ぶ。

8.1　直線と平面の交点

直線が平面の外にあり，かつ平面に平行でないとき直線は平面と交わる。与えられた直線の長さや平面の大きさによって交点が求まらないこともあるが，直線と平面のどちらか，あるいは両方を拡大して仮想的な交点を求めることもできる。このような交点を求める作図はさまざまな実用問題で有用である。

8.1.1　副投影による交点の作図

図8.1 は副投影によって三角形平面 ABC と直線 DE との交点を求める作図を示す。直線と平面の交点は，直線と平面によって共有される点であり，つぎの考え方が重要である。

平面の端視図は平面内のすべての点を含む。したがって，直線がその端視図と交わる点は直線と平面の両方に共有される点となる。このようにして，直線と平面によって共有される点は「交点」となる。

図8.1（a）では，平面 ABC の辺 BC の「実長」が平面図に投影図 $b_T c_T$ として現れる（図6.8を参照）。直線BCの正面図 $b_F c_F$ は基準線 T/F に平行であり，

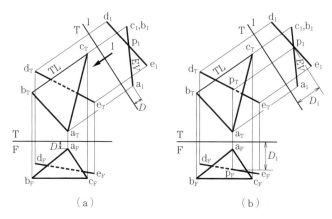

図 8.1　副投影による直線と平面の交点の作図

このような場合には隣接図の平面図に実長が現れるからである（役立つポイント 10）。つぎに，視線 1 を $b_T c_T$ に平行にする，あるいは基準線 T/1 を $b_T c_T$ に垂直にとると副投影図 c_1, $b_1 a_1$ が「端視図」となる。こうして，その端視図と直線 DE の副投影図 $d_1 e_1$ との交点 p_1 を求めれば，これが平面 ABC と直線 DE の「交点」となる。

　続いて図 8.1（b）に示すように，交点 P の副投影図 p_1 を対応線によって平面図 $d_T e_T$ と正面図 $d_F e_F$ に投影することにより交点 P の平面図 p_T と正面図 p_F が求まる。

　この作図の精度を図 8.1（b）に示す水平投影面からの距離 D_1 を用いて検証できる。最後に，3.10 節の方法に従って直線 DE のかくれ線を作図する。

　この作図題には別解がある。**図 8.2** に示すように，三角形平面 ABC の正面図からの副投影により平面 ABC の端視図（EV）を作図して交点 P を求める。図 8.2 の正面図に直線 BF の実長 $b_F f_F$ を描き加え，三角形平面 ABC の副投影によりその端視図 $a_1 b_1$, $f_1 c_1$ を描く。つぎに，これと直線 DE の副投影図 $d_1 e_1$ との交点から直線と平面の交点 P を求める。

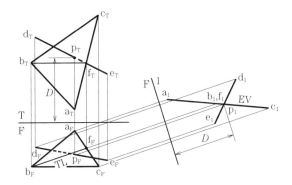

図 8.2 副投影による直線と平面の交点の作図の別解

─ 役立つポイント 19： **直線と平面の交点（副投影法）** ───────

1. 直線と平面の交点は，直線と平面に共有される。

2. 平面の端視図は平面内のすべての点を含む。

3. 平面の端視図と直線が交わる点は，直線と平面の両方に共有される交点となる。

8.1.2 切断平面による交点の作図

図 8.3(a)に示す直線 DE と平面 ABC との交点を求める作図法として，8.1.1 項の副投影法とは異なる効率的な作図法を説明する。図（ b ）に示すように，「切断平面」を補助平面として用いることより直線と平面の交点を求める。図（ b ）では，直線 DE を含み三角形平面 ABC を切断する水平投影面（T 面）に垂直な切断平面 M を仮想的に考える。この切断平面を主投影面に垂直にして図形を切断すると主投影図に切断平面の端視図（EV）が現れ交点の分析が容易になる。以下に，切断平面を用いた交点の作図の**手順 1 ～ 3** を示す。

手順 1 切断平面 M と三角形平面 ABC との交線 1-2 を求める（図 8.3(b)）。

手順 2 直線 DE と交線 1-2 はともに切断平面 M 上にあるのでこれらは相交わり，交点 P が定まる。

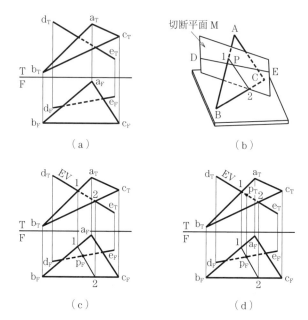

（a）　　　　　　　　　　　　（b）

（c）　　　　　　　　　　　　（d）

図 8.3　切断平面による交点の作図

役立つポイント 20：**直線と平面の交点（切断平面法）**

1.　直線 DE と交線 1-2 はともに切断平面 M にあるのでこれらは交点
　　P で相交わる。

2.　交線 1-2 は平面 ABC 上にもあり，交点 P は直線 DE と平面 ABC
　　が共有する交点となる。

手順 3　交線 1-2 は平面 ABC 上にもあるので，交点 P は直線 DE と平面
　　　　　ABC の交点となる。

　手順 2，手順 3 では図 8.3（c）に示すように，平面図において直線 DE を
含む切断平面 M を仮想的に導入することにより，$d_T e_T$ は切断平面 M の端視図
とみなせる。また，切断平面 M と三角形平面 ABC の交線 1-2 は切断平面 M
の平面図（端視図）と重なる。交線 1-2 は平面 ABC 内にあるので（図（b）），

点1と2の正面図は平面図からの対応線（投影線）上にある（図（ c ））。こうして正面図での交線 1-2 が定まり，これと $d_F e_F$ の交点として直線 DE と三角形平面 ABC の交点 P の正面図 p_F が求まる。交点 P の平面図 p_T は正面図から対応線を引くことによって求まる（図（ d ））。最後にかくれ線を描き入れて直線と平面の交点の主投影図を完成する。

図 8.3 の作図法の別解を**図 8.4** に示す。図 8.4（ a ）に示すように直線 DE を含み正面投影面に垂直な切断平面 N を導入する。図 8.4（ b ）の正面図には直線 DE を含む切断平面 N の端視図（EV）が現れ，三角形平面 ABC との交線 3-4 が求まる。平面図において交線 3-4 と直線 DE との交点から交点 P の平面図 p_T が求まる。つぎに p_T から正面図に対応線を引くことにより P の正面図 p_F が求まる。図 8.3 と同様にかくれ線を示して直線と平面の交点の主投影図を完成する。

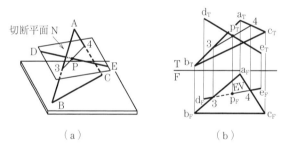

図 8.4 切断平面による交点の作図の別解

特別な場合として，**図 8.5** に示すように切断平面法を鉛直線 XY と三角形平面 ABC との交点を求める問題に適用する。鉛直線 XY の平面図は「点視図」となるので，XY を含む切断平面 M の平面図は「端視図」となる。

このときの切断平面 M は三角形平面 ABC との交線 1-2 が，鉛直線 XY の正面図 $x_F y_F$ と適切な角度で交わり，交点が精度よく求まるように設定される。この交点の平面図 p_T は鉛直線 XY の点視図 $x_T y_T$ と重なる。この場合，交点 P は三角形平面 ABC の外に仮想的な点として求まる。このような仮想的な点は構造設計でしばしば重要となる。

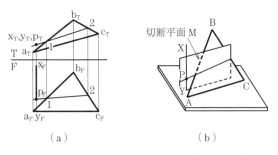

（a）　　　　　　　　　　　　（b）

図 8.5　切断平面による交点の作図（特別な場合）

　このように，切断平面法は作図の工程数も少なく広い紙面を必要としない点
で効率的かつ便利であるが，初学者にとっては副投影法の方が理解しやすい傾
向がある。一方，副投影法は複数の直線と一つの平面との交点の作図題では理
解しやすい。副投影法の問題点は，作図の工程数が比較的多く，これに伴う作
図誤差が生じやすいことといえる。このように，副投影法では基準線からの距
離の測量に丁寧な作図が必要となる。

8.2　平面と平面の交線

　二つの平面どうしの幾何学的関係は，たがいに平行かたがいに交わるかのい
ずれかである。2 平面の交線は 2 平面が共有する直線であり，この直線は 2 平
面が共有する 2 点を結ぶことにより求まる。作図の精度を高めるには，2 点間
の距離をある程度とるとよい。平面は特にことわらない限り無限平面であるの
で，2 平面の交線も無限長の直線となる。しかしながら，実際には平面を有限
の平面に描くことになるので，物体の表面のように有限平面を扱う。このよ
うな平面の交線はその一部として有限長の線分で表す。2 平面が共有する点の
作図は以下に示すように副投影，交点，切断平面などを用いて行われる。

8.2.1　副投影による 2 平面の交線

　平面上の直線がもう一つの平面を貫く点は 2 平面が共有する点となる。8.1

節で説明したように，直線が平面を貫く交点は平面が端視図となる投影図から求めることができる。したがって，2平面の交線を求めるにはどちらかの平面の端視図を作図し，その端視図がもう一つの平面を貫く2点を求める。これらの2点が十分離れていれば2点を結んで精度よく交線を求めることができる。もちろん，直線が平面と平行であれば平面と交わらない。また，それらがほとんど平行となれば交点が作図領域からはみ出すことになる。

　図 8.6（a）に示す2平面に対して，一つの平面 EFGH の端視図（EV）を求める。水平直線 DG を平面図に描き加え，平面図から平面 EFGH の端視図を作図する。描かれた副投影図1において，端視図と三角形平面 ABC の辺である直線 AB および BC との二つの交点 X と Y の副投影図 x_1 と y_1 が求まる。2平面の交線は x_1 と y_1 を結ぶことによって得られる。

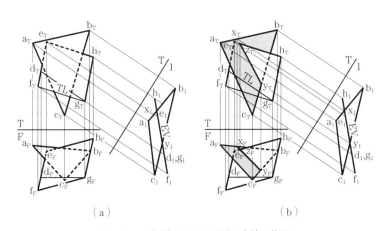

（a）　　　　　　　　　　（b）

図 8.6　副投影による2平面の交線の作図

　図 8.6（b）に示すように，直線 XY の平面図 $x_T y_T$ は，x_1 と y_1 をそれぞれ直線 $a_T b_T$ と $b_T c_T$ に投影して得られる。続いて正面図 $x_F y_F$ は，x_T と y_T を $a_F b_F$ と $b_F c_F$ に投影することによって得られる。ここで与えられた2平面は有限の大きさであり，交線は Y と Z で終端される。3.10節で説明したかくれ線を作図し，交線の作図を完成する。

8.2.2　切断平面による 2 平面の交線

　直線と平面の交点は切断平面を用いることにより作図できる。したがって，2 平面の交線はこの切断平面を 2 回用いることによって作図できる。正確を期すためには 3 回行ってもよい。

　図 8.7（a）では三角形平面 DEF の・直・線・D・E・ を選択し，直線 DE を含む切断平面を正面図に導入する。そこで，$d_F e_F$ を仮想的な切断平面の端視図（EV）とみなすことができる。三角形平面 ABC との交線 1-2 は点 1 と 2 を平面図の $a_T c_T$ と $b_T c_T$ に投影することができる。直線 DE と交線 1-2 は切断平面上にあるので，これらはたがいに交わり，その交点 X は平面図で x_T として求まり，これを正面図に投影して x_F が求まる。この交点 X は直線 DE が三角形平面 ABC を貫く交点となる。したがって，交点 X は三角形平面 ABC と DEF に共有され 2 平面の交線の一端となる。

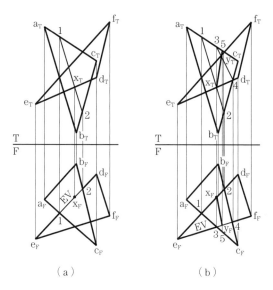

（a）　　　　　　　　　　　（b）

図 8.7　切断平面による 2 平面の交線の作図

　この手順をどちらかの平面の直線に対してくり返し，交線のもう一つの一端を求めればよい。図 8.7（b）に示す例では・直・線・E・F・ に対してこの手順を行っている。切断平面の仮想的な端視図を $e_F f_F$ とし 2 平面が共有するもう一つの

点として交点Yを求める。2平面の交線は正面図と平面図に描かれたXとYを結ぶことによって求まる。

　このような方法によって求められた二つの点が接近した場合には3番目の点を求めることにより精度よく交線を引くことができる。交線は二つの面に共有されるので平面上のすべて直線に対して相交わるか平行となる。

8.2.3　複数の切断平面による複数平面の交線

　平行でない2平面がこれらの2平面に平行でない第3の平面と交差する場合，3平面がつくる交線上の点はすべての3平面によって共有される。このような場合，二つ以上の切断平面によって2平面が共有する点の集合を求めることにより，2平面の交線を求めることができる。

　図8.8（a）に二つの三角形平面 ABC と MNO の正面図と平面図を示す。

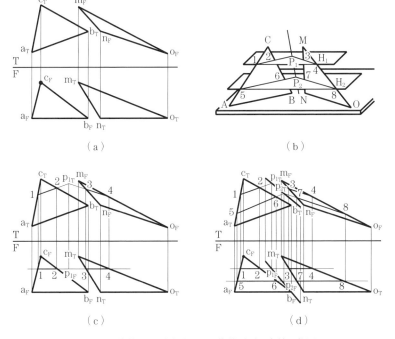

図8.8　複数の切断平面による複数平面の交線の作図

これらの2平面の交線を8.2.2項の切断平面によって求める方法を説明する。切断平面の端視図が便利でありこれを用いる。切断平面の種類はいろいろであり，水平面，正面，側面，傾斜面，あるいはこれらを組み合わせる方法が問題に応じて考えられる。図（b）に二つの水平面を用いる場合の模式図を示す。切断平面 H_1 は平面 ABC と平面 MNO に対して二つの交線で交わり，これらの交線は求めようとしている交線上の交点 P_1，P_2 で交わる。この作図を図（c）の主投影図に示す。水平の切断平面 H_1 は正面図に水平線として現れる。交線 1-2 と 3-4 は水平の切断平面 H_1 の端視図と重なり，これらは平面図においてそれぞれの直線を延長することにより交点 p_{1_T} が求まる。p_{1_T} から正面図に投影することにより p_{1_F} が求まり，2平面が共有する点の位置が決まる。

　同様な方法によってもう一つの切断平面 H_2 を考える。これは図 8.8（d）に示すように2平面と交差して，二つの交線 5-6 と 7-8 が求まる。平面図においてこれらを延長し交点 p_{2_T} が求まる。p_{2_T} から正面図に投影することにより p_{2_F} が求まる。p_{1_F} と p_{2_F}，そして p_{1_T} と p_{2_T} を結ぶことにより平面 ABC と MNO の交線の正面図と平面図が求まる。交線の長さは任意であるが，交線の両端は投影線上で一致している必要がある。

8.3　平面と平面がなす角度

　たがいに交わる二つの平面のなす角を**二面角**（dihedral angle）という。**図 8.9**（a）で，二面角は交線に垂直な平面で両平面を切断したときの切り口の角（角度）である。したがって，図（b）に示すように，二つの平面 M と N の交線 AB に平行な視線によって AB の点視図を作図すれば，両平面はともに端視図となり，二面角はその交角として表される。

8.3.1　二面角（2平面の交線が与えられている場合）

　図 8.10（a）の物体の平面 ABDC と三角形平面 CDE の二面角を求める。ここでは，多くの実用部品の問題に見られるようにたがいに交わる2面の「交

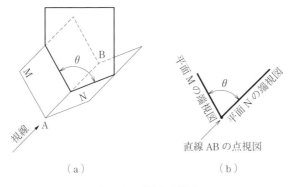

（a）　　　　　　　　　　　（b）

図 8.9　二面角の作図

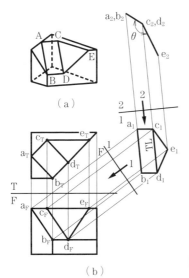

（a）

（b）

図 8.10　二面角の作図

線 CD」が主投影図に示されている。交線 CD の「点視図」を作図するには，まず副投影図 1 によって CD の「実長（TL）」を求める。つぎに副投影図 1 の c_1d_1 に対して視線 2 を平行となるようにして副投影図 2 を作図する。これにより，交線 CD は点視図となり平面 ABDC と三角形平面 CDE は端視図となる。求める二面角 θ は図（b）の副投影 2 に示すように求まる。

8.3.2　二面角（2 平面の交線が与えられていない場合）

しばしば**図 8.11**（ a ）に示すように 2 平面の交線が与えられていない場合の二面角を求めることが必要になる。この場合の一つの解法では，まず 2 平面の交線を求める。ここでは図（ b ）に示すように，切断平面を用いて平面 ABC と平面 LMNO の交線 XY を求める。つぎに，副投影によって交線 XY の実長と点視図を求め，図（ c ）に示すように二面角を定める。

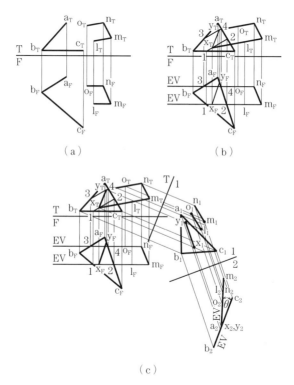

図 8.11　二面角の作図（2 平面の交線が与えられていない場合）

図 8.12 は 2 平面の交線を求めないで二面角を求めるもう一つの別解を示す。直線 BC は正面図に実長（TL）が現れるので，図（ a ）に示す副投影図 1 に三角形平面 ABC の端視図（EV）を描くことができる。つぎに副投影図 2 に三角形平面 ABC の実形図を描くことができる。平面 LMNO の副投影図も描く。

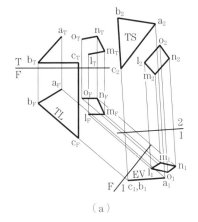

（a）

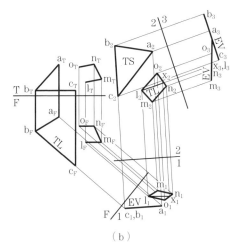

（b）

図8.12 二面角の作図（2平面の交線が
与えられていない場合の別解）

　図8.12（b）では，直線 LX を平面 LMNO 上に描き加える。このとき，その副投影図 1 の l_1x_1 を基準線 1/2 に平行となるように描くと，l_2x_2 は実長図となる。副投影図 3 の視線を l_2x_2 に平行となるようにとる。副投影図 3 では，2 平面が端視図となり二面角を求めることができる。この方法は，特に平面間の交線が作図紙面の外側に描かれるような場合に向いている。なお，この場合三つの副投影図を作図するので誤差を最小にする注意深い作図が大切である。

8.3.3　平面と主投影面との二面角

　二面角を求める特別な場合として，一方の平面が主投影面，すなわち正面投影面（F 面），水平投影面（T 面），側面投影面となる場合がある。**図 8.13** は，平面 ABC と正面投影面とのなす角を求める例を示す。正面投影面は平面図において基準線に平行となる。このような面を導入すると，正面投影面と平面 ABC との交線は正面投影面上の直線 AD となる。

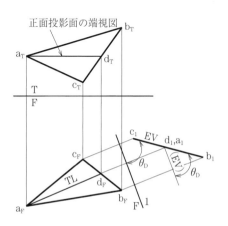

図 8.13　平面 ABC と正面投影面とのなす角

　直線 AD の実長は正面図において $a_F d_F$ となる。したがって，副投影図 1 に平面 ABC の端視図を求め，二面角を定めることができる。当然ではあるが，正面投影面の副投影図 1 は基準線 F/1 に平行となる。したがって，角度 θ_D を 2 平面の端視図間の角度（二面角）として求めることができる。

　図 8.14 は，平面 ABC と右側面投影面（R 面）となす角 θ_R を作図する例を示す。この場合には右側面図に実長図を作成することが必要となり，2 平面の交線 CD の実長（TL）を右側面図に作図する。平面と水平投影面とのなす角を求めるには，傾く平面の正面図に基準線と平行な直線を引き，平面図に実長図を作図し，副投影によって 2 平面の端視図（EV）を作図すればよい。

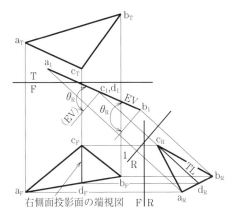

図 8.14　平面 ABC と右側面投影面とのなす角

章　末　問　題

【8.1】　**問題図 8.1** は三角形平面 ABC と直線 MN の両端の点 M と N を示す。以下の
問いに答えなさい。

（1）　副投影により三角形平面 ABC と直線 MN の交点 P を作図しなさい。

（2）　水平投影面に垂直な切断平面を用いて三角形平面 ABC と直線 MN の交

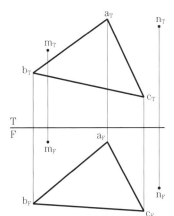

問題図 8.1　直線と平面の交点

点Pを作図しなさい。

（3）　正面投影面に垂直な切断平面を用いて三角形平面 ABC と直線 MN の交点 P を作図しなさい。

【8.2】　**問題図 8.2** に示す三角形平面 ABC と DEF の交線を作図しなさい。

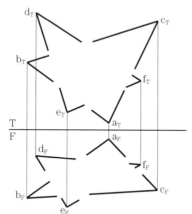

問題図 8.2　2平面の交線

第9章 平行と垂直

　空間において平行に配置された2直線の主投影図では，それらの投影図が点視図となる場合を除き，いかなる主投影図においてそれらの投影図はつねに平行となる。一方，直交してたがいに交わる2直線の主投影図では，一つの直線の実長が描かれている投影図において2直線の交わる角は直角になる。本章では，本書でこれまでに学んだ図学の技法を総合的に用いて，「直線と直線」，「平面と平面」，「直線と平面」の平行と垂直，およびねじれ2直線間の幾何学的関係を読みとる図式解法を学ぶ。

9.1 平 行 な 直 線

　主投影図においてたがいに平行となる2直線は，空間においてもたがいに平行となる。**図9.1**はこの原理を示しており，直線 AB と CD の主投影図が平行に描かれる。図（a）に示すように，2直線の主投影図では平行に描かれ，図

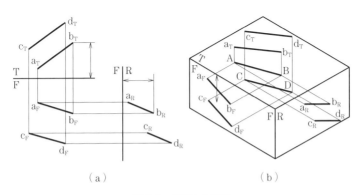

（a）　　　　　　　　　　　（b）

図9.1　平行な2直線

┌─ 役立つポイント 21： 平行 2 直線 ─────────────────

　　平行 2 直線の投影図はつねにたがいに平行となる。したがって，直線
　AB の点視図を作図すると，同じ副投影図に直線 CD の点視図を得る。

└───────────────────────────────────────

（b）のように，2 直線は空間においても平行となる。

　正面図と右側面図，あるいは左右の側面図に描かれる二つの水平線はこれら
二つの投影図において平行となるが，空間において平行とならない場合もあ
る。例えば，**図 9.2**（a）に示すように二つの水平線 AB と CD は正面図と右
側面図において平行となる。しかし，これらが空間において平行かどうかにつ
いては詳しく調べる必要がある。この場合には，図（b）に示すように「平面
図」を描き加えると 2 直線は平行でないことがわかる。これらの直線の 3 次元
空間での配置を図（c）に示す。このような平行でもなく相交わらない関係に
ある直線を**ねじれ 2 直線**（skew lines）という。

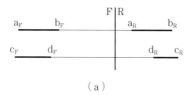

（a）

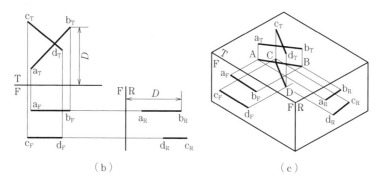

（b）　　　　　　　　　　　　　　　（c）

図 9.2　2 直線の平行の確認とねじれ 2 直線

役立つポイント 22 : ねじれ 2 直線

2直線が l, m は平行でもなく，交わってもいないとき，この2直線はねじれの位置にあるという。

（図 4）

図 4 ねじれ 2 直線

平行 2 直線に関して注意が必要なもう一つの例を示す。**図 9.3**（a）は，直線 AB に平行となり，点 C を含む直線の作図題を示す。この場合，図（b）に示すように，直線 AB の実長と実際の傾きが右側面図に描かれるので（役立つポイント 6），図（c）に示すように，任意の長さの直線 CD を右側面図上で投影図 $c_R d_R$ に平行に引くことができる。これらの平行 2 直線の正面図と平面図は点 D の右側面図 d_R を投影することにより求まり，主投影図を完成することができる。このように，正面図と平面図だけでは点 D の位置が決まらないので「実長」が求まる右側面図において，直線 CD を直線 AB と平行に描かないと 2 直線の平行を保証することができない。平行 2 直線間の実距離については，図（c）のように 2 直線の点視図を 7.2 節（例えば，例題 7-3）で説明した作図により求めることができる。

平面上の 2 直線はたがいに交わるか，平行となるかのいずれかである。**図 9.4**（a）に示すように，直線 MN と BC は平面図では平行に描かれているの

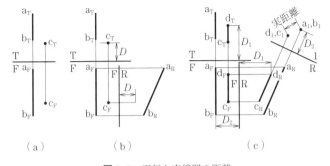

（a） （b） （c）

図 9.3 平行な直線間の距離

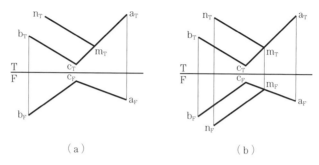

（a）　　　　　　　　　　　　（b）

図 9.4　平面上にある平行な直線

でたがいに交わることはない。もし直線 MN が平面 ABC 上にあるなら直線
MN と BC は空間において平行となる。したがって，図（b）に示すように点
M は直線 AC 上にあるので点 M を正面図に投影し $m_F n_F$ を $b_F c_F$ に平行に引くこ
とにより MN の正面図を作図することができる。

9.2　平行な 2 平面

　図 **9.5** に示すように，同一平面上の相交わる 2 直線のそれぞれが，もう一
つの平面上でたがいに交わる 2 直線のそれぞれに平行である場合には，これら
の平面は空間において平行となる。また，二つの平面が平行であるなら一つの
平面上の直線はもう一つの平面に平行となる。

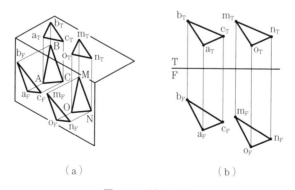

（a）　　　　　　　　　　　　（b）

図 9.5　平行な平面

2平面が平行であるとき，一つの平面の投影図が「端視図」として描かれると，もう一つの平面もその端視図と平行な端視図となる。この原理は，**図9.6**に示すようにたがいに平行でない直線で表される平面が平行かどうかを確かめるのに有効である。このような2平面が平行かどうかを調べるには，一つの平面上でたがいに交わる1組の2直線が別の平面上の2直線とたがいに平行となるかを調べればよい。

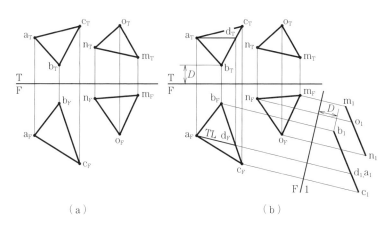

（a）　　　　　　　　　　（b）

図9.6　平行な平面の確認

9.3　平面に平行な直線と直線に平行な平面

2直線がたがいに平行であるならば，一つの直線を含む平面はもう一つの直線に平行となる。したがって，直線を平面上にある適当な直線に平行に引くことにより，その平面に平行な直線を引くことができる。このような二つの直線がたがいに交わる場合には，**図9.7**に示すように与えられた直線 XY に平行な平面を作図することが可能になる。

逆に，与えられた直線に平行な直線を含む平面を描くことにより与直線に平行な平面を作図することができる。図9.7に示すように，平面 OMP，OMQ，OMR のそれぞれは直線 XY に平行である。なぜなら，これらの3平面が共有する直線 OM は XY に平行であるからである。実際に，直線 XY に平行な直線

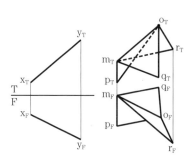

図 9.7　直線に平行な平面

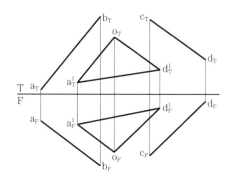

図 9.8　二つの直線に平行な平面

OM を含む平面は無限に存在する。一方，直線 XY に平行な直線 MR を含む平面は唯一存在することになり，それは平面 OMR となる。

　これと同じ原理を活用する場合として**図 9.8** に示す例がある。たがいに交わらない直線 AB と CD は同じ平面上にないが，これらの両方の直線と平行な平面を得ることができる。点 O を通る直線 OA^1 を直線 AB と平行になるように引き，直線 OD^1 を直線 CD と平行になるように引くことにより平面 A^1OD^1 を直線 AB と CD の双方に平行になるように作図することができる。

9.4　直交する直線

　立体幾何学では垂直に関する重要な定理がある。直線が平面と垂直であれば，その直線の垂線の足を通る平面上のすべての直線はたがいに垂直となる。これを図学ではつぎのように理解するとよい。すなわち，直線が平面と垂直であれば，その直線は平面上のすべての直線と垂直になる。**図 9.9** に示すように直線 AB と XY の両方は直線 EF に垂直な平面上にあるので，それらは EF と垂直となる。このように，図学ではたがいに垂直な直線は必ずしも交わらない。すなわち直交 2 直線は必ずしも同一平面上になくてもよいと考える。

　図 9.10 は直角 2 等辺三角形をいろいろな位置に置いたときの正面図と平面

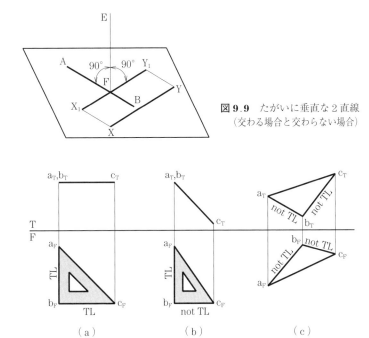

図 9.9　たがいに垂直な 2 直線
（交わる場合と交わらない場合）

図 9.10　直角 2 等辺三角形の実長と実角度

図を示す。図（a）は直角で交わる 2 辺の実長（TL）と実角度が正面図に現れる。図（b）では 2 直線の一つである $a_F b_F$ が実長となるので 90°の実角度が正面図に現れる。しかしながら，図（c）では AB と BC のなす直角は実角度とはならない。このことを実際に手元の三角定規で確かめるとよい。

　図 9.11 は直線 AB に垂直な直線 CD，CD^1，CD^2，CD^3 を示す。これらはいずれも直線 CD の平面図となっている。平面図の直線の向きは特に重要ではない。

　同じ原理を用いて投影面に傾く直線どうしの垂直を調べることができる。**図 9.12** に示すように直線 AB と CD の実角度を調べる場合を示す。AB と CD のなす角は図の正面図と平面図からは明白ではないが，2 直線のどちらかの実長を，この場合には AB の実長を副投影図 1 に示すと 2 直線は直交することが明瞭にわかる。

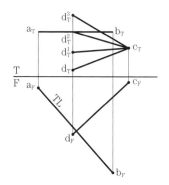

図 9.11 たがいに垂直な
交わらない 2 直線

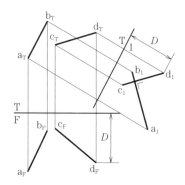

図 9.12 垂直を確かめるための
作図（副投影法）

役立つポイント **23** ： 垂線

　直交 2 直線の投影図では，少なくとも，一つの直線の実長が投影図に
描かれていると，投影図で両直線は直交する。

9.5　直線に垂直な平面

　平面上でたがいに交わる 2 直線のどちらかが与直線に垂直となるとき，その
平面は与直線に垂直となる。**図 9.13** に示すように，与点を含み与直線に垂直
となる平面を描くことができる。図（a）に示すように与点を A，与直線を
CD とする。図（b）に示すように水平線 AH を実長 $a_T h_T$ でかつ，$c_T d_T$ と垂直
になるように引く。つぎに，図（c）に示すように正面投影面（F 面）に平行
な直線 AB を実長 $a_F b_F$ でかつ，$c_F d_F$ と垂直になるように引く。そうすると直線
AH と AB は直線 CD と垂直となるように引いたので，平面 ABH は直線 CD に
垂直となる。副投影図 1 に平面 ABH の端視図（EV）と直線 CD の実長（TL）
を作図するとこの平面と直線が直交することを確かめることができる。

　図 9.14 は，副投影法による，与直線に垂直で与点を含む平面の作図例を示
す。図（a）に示すように副投影図 1 に直線 CD の実長とこれに直交する平面

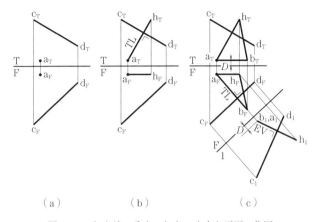

図 9.13　与直線に垂直で与点 A を含む平面の作図

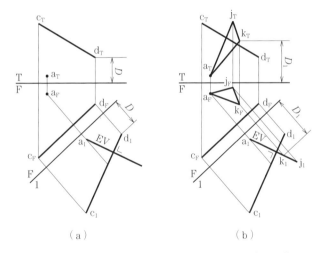

図 9.14　与直線に垂直で与点を含む平面の作図（副投影）

の「端視図（EV）」を作図する。つぎに，図（b）に示すように平面上で無作
為に選んだ点 K と J の正面図と平面図を作図する。ここで，K と J は平面の端
視図内の点であるから K と J の正面図は k_1 と j_1 からの対応線上にあれば正面
図での位置は任意である。これらの平面図も図（b）に示される D_1 などを写
すことにより定まる。このようにして K と J の 3 次元空間の位置を定めるこ
とができる。

例題 9-1　直線に垂直な平面を含む作図例─────────

例題図 9.1（ a ）に示すように，直線 XY に沿って頂点 A からの軸をもち，底面の一つの点 B を有する正四角錐の正面図と平面図を作図しなさい。

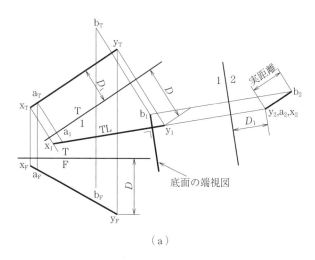

（ a ）

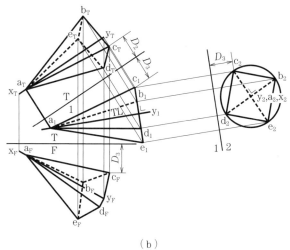

（ b ）

例題図 9.1　直線に垂直な平面の活用例

考え方

正四角錐では頂点から正方形底面におろした垂線 XY の実長を求めると，

その投影図には XY の実長と直交する底面の端視図が現れる。直線 XY が点
視図となる投影図では，底面の実形図が現れる。

解答

　例題図 9.1（a）の副投影図 1 に示すように，直線 XY の実長 x_1y_1 を作図する。
正四角錐の底面は端視図となるので点 B はこれに含まれる。つぎに，副投影図 2
に直線 XY の点視図 y_2, a_2, x_2 を作図し，点 B と XY の実距離を作図する。

　正四角錐の底面の中心は y_2, a_2, x_2 であるので，直線 b_2d_2 は底面の対角線となり
正方形 $b_2c_2d_2e_2$ を例題図（b）のように作図できる。このようにして，点 C，D，
E を副投影図 1 の端視図に写すことができ，続いてこれらを正面図，平面図に写す。
最後に底面の辺のかくれ線を作図して完了する。

9.6　平面に垂直な直線

　9.4 節で説明したように，平面に垂直な直線は平面上のすべての直線に垂直
となる。したがって，平面に垂直な直線は，平面上の直線の実長（TL）が現
れる投影図において，つねにその直線は平面上の直線と直交する。例えば，**図
9.15**（a）に示すように点 M から三角形平面 ABC に垂線をおろす問題を考え
よう。平面には実長が与えられていないので図（b）に示すように水平線 AD
を描き加える。求める直線 MN の平面図 m_Tn_T を a_Td_T に垂直となるように引く。

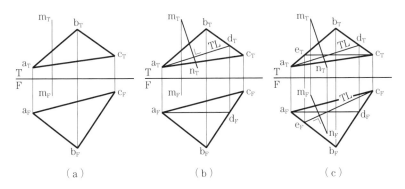

（a）　　　　　　　　（b）　　　　　　　　（c）

図 **9.15**　平面に垂直な直線

┌─ 役立つポイント 24： 平面に垂直な直線 ──────────────

　　平面に垂直な直線は平面上のすべての直線に垂直となる。

└───

　つぎに，図 9.15（c）に示すように正面投影面に平行な直線 EC を描き加える。$m_F n_F$ を直線 EC の実長 $e_F c_F$ に垂直となるように引き，n_F はその平面図からの対応線によって定まる。こうして二つの投影図 $m_T n_T$ と $m_F n_F$ から，平面 ABC に垂直な任意の長さの直線 MN が求まる。もし，垂線の足を求めることが必要な場合は 8.1 節で説明した直線と平面の交点を求める作図が有効となる。

　図 9.16（a）に示すように，与平面 ABC の端視図（EV）を副投影図 1 に作図すると，求める直線はその端視図に垂直となる。また，点 M と平面 ABC との実距離は同じ副投影図に現れる。この実距離の測定が必要な場合には図（a）に示す副投影が有効となる。図（b）に示すように，$m_1 n_1$ は実長となるので，平面図 $m_T n_T$ は基準線 T/1 に平行となる（あるいは，$a_T d_T$ に垂直となる）（役立つポイント 10）。正面図 $m_F n_F$ は平面図からの対応線に沿って点を距離 D_1 などを写すことにより求まる。

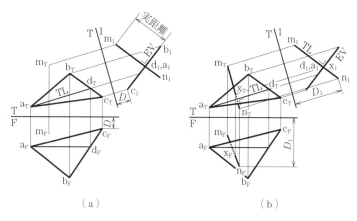

（a）　　　　　　　　　　　　　　　（b）

図 9.16　平面に垂直な直線（副投影）

┌─ 役立つポイント 25： **垂線の実長** ─────────────────────

　直線の実長が現れる投影図では，点から直線への垂線は，「垂線の投影図」⊥「直線の実長の投影図」となる。

└──────────────────────────────────────

9.7　ねじれ 2 直線の共通垂線

9.7.1　点視図を用いる方法

　ねじれ 2 直線を結ぶ共通垂線はねじれ 2 直線の両方に垂直となる。点から直線への最短距離は点から直線に引いた垂線に沿って測られる。したがって，ねじれ 2 直線間の共通垂線の長さはねじれ 2 直線間の最短距離を与える。

　図 9.17 に示すねじれ 2 直線 AB と CD の共通垂線を求めるために，「たがいに垂直な 2 直線の一方の直線が実長（TL）となる投影図では両者はたがいに垂直となる（役立つポイント 23）」という基本原理を用いる。図（a）に示すように，主投影図において実長が現れない場合には，副投影図を作図する必要があり，この場合には直線 CD の副投影図 1 に実長 c_1d_1 を作図する。副投影図 1 では直線 CD に垂直な直線は c_1d_1 に垂直となるが，この作図段階では共通垂線は定まらない。そこで，副投影図 2 の作図が必要となり直線 CD の点視図 d_2, c_2 を得る。a_2b_2 は実長ではないが，点視図 d_2, c_2 から a_2b_2 に垂線を引くことにより，共通垂線の足として直線 AB 上に x_2 を定めることができる。共通垂線の他端は y_2 となり，点視図 d_2, c_2 に重なる。こうして共通垂線は x_2y_2 として定まり，この垂線の長さがねじれ 2 直線 AB と CD の最短距離を与える。

　図 9.17（b）に示すように，ねじれ 2 直線の共通垂線の投影図を完成するために，x_1 を x_2 からの投影によって求める。共通垂線 XY の実長は副投影図 1 には現れないが，c_1d_1 は実長であるので，x_1y_1 を c_1d_1 に垂直に引くことができる。これにより，y_1 が求まる。引き続き，x_1 と y_1 を平面図，正面図に投影することにより，x_Ty_T と x_Fy_F が定まる。D_2 と D_3 の長さを写すことにより作図の精度を確認することができる。

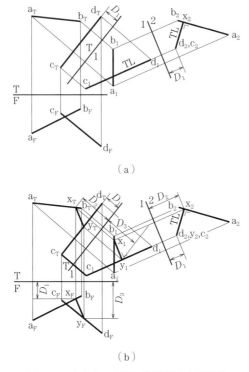

（ a ）

（ b ）

図 9.17 ねじれ 2 直線の共通垂線（点視図）

9.7.2   一つの直線に平行な平面を用いる方法

ねじれ 2 直線の共通垂線を求めるもう一つの方法は平面を用いる方法である。ただし，この方法は 2 直線間の最短距離だけを求めて垂線の投影図を求める必要がない場合に有効である。

この方法では，ねじれ 2 直線の一つを通り，もう一つの直線には平行となる平面を仮想的に考える。これにより，その平面ともう一つの直線との距離がねじれ 2 直線間の最短距離を求める。

図 9.18（ a ）に示すように，直線 AB の点 B を通り直線 CD に平行となる平面 ABK を仮想的に考える（9.3 節を参照）。副投影図 1 には平面 ABK の端

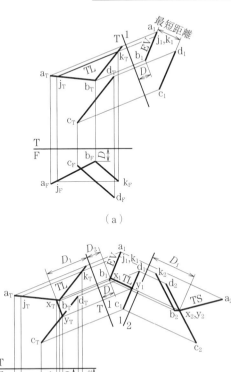

（a）

（b）

図 9.18　ねじれ2直線の共通垂線（一つの直線に平行な平面）

視図（EV）が作図される。直線 CD は端視図 a_1b_1 に平行になり，直線 AB と CD 間の・最・短・距・離が副投影図1から測れる。

　共通垂線の投影図の作図が必要な場合には，平面 ABK の実形図を作図し平面 ABK に垂直となる直線を点として示す。図 9.18（b）に示すように，投影図2に平面 ABK の実形が描かれ，共通垂線 XY は c_2d_2 と b_2a_2 の交点として求まる。XY の各投影図は対応線に沿って定まる。

9.7.3　ねじれ 2 直線の水平最短距離

本章の垂直に関するテーマとは少し話題がそれるが，ねじれ 2 直線の**水平最短距離**を（shortest horizontal distance）求める作図を取り上げる。**図 9.19**（ a ）に示すように，最初の手順で直線 AB 上の点を通り直線 CD に平行な平面 ABK を考える。直線 JK を水平線にとる。副投影図 1 には平面 ABK の端視図 $a_1 k_1, j_1 b_1$ が描かれる。

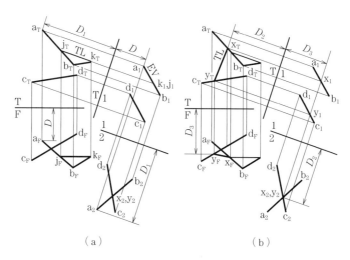

（a）　　　　　　　　　　　（b）

図 9.19　ねじれ 2 直線の水平最短距離

　ここで，副投影図 1 は平面図から描かれているのでこの副投影図には水平線は基準線 T/1 に平行になることに留意する。AB と CD の 2 直線間の水平最短距離は $a_1 b_1$ と $c_1 d_1$ 間を基準線 T/1 に平行に測った距離となる。この水平最短距離の直線を作図するために，基準線 T/1 に平行な視線の副投影図 2 を作図し，水平最短距離の直線の点視図 x_2, y_2 を作図する。副投影図 2 の点視図 x_2, y_2 は $a_2 b_2$ と $c_2 d_2$ との交点として求まる。直線 XY の各投影図は対応線に沿って作図する。ねじれ 2 直線間の正面投影面に平行な最短距離や右側面投影面に平行な最短距離の作図も同様の方法で実行できる。

章　末　問　題

【**9.1**】　**問題図 9.1** は直線 AB と点 P の正面図と平面図を示す。点 P から直線 AB に
　　　　引いた垂線の足 Q と垂線 PQ を作図しなさい。
【**9.2**】　**問題図 9.2** はねじれの関係にある直線 AB と直線 CD の正面図と平面図を示
　　　　す。直線 AB と CD 間の最短距離を作図しなさい。

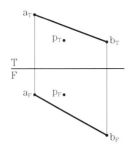

問題図 9.1　点から直線
　　　　　　　への垂線

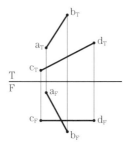

問題図 9.2　ねじれ 2 直線
　　　　　　　間の最短距離

第10章 立体に関する相互関係（切断・相貫）

　立体に関する相互関係には，大きく分けて「切断」と「相貫」の2種類がある。

　「切断」はおもに立体と平面との相互関係で用いられ，平面と立体とがたがいに交わり，平面で立体を断ち切ることを意味する。また，「相貫」は立体と立体との相互関係で用いられ，立体と立体とがたがいに交わっていることを意味する。

　「切断」は，設計や機械製図での実用上においては，物体の内部の形状や構造が外部からは分からない場合に用いられ，内部の形状や構造を明確に示すのに有効である。また，「相貫」は，T字の配管用パイプや自転車のフレーム（車体部）などで見られ，このような構造体の設計において相貫の考え方は有効である。

　これら切断と相貫は，第3章 〜 第9章で説明した正投影，主投影，副投影が基礎となるため，よく理解する必要がある。特に，「平面と立体の交わり」と「立体と立体の交わり」は，「直線と平面の交わり」に帰着されるため第8章および第9章の内容の理解が重要になってくる。

10.1　切断（平面と立体の相互関係・交わり）

　本章の冒頭での説明のとおり，**切断**（section）とは平面で立体を断ち切ることをいう。ただし，平面が有限の大きさ，かつ，平面が切断される立体よりも十分に大きくない場合は，立体の一部分のみに切り込むこともありうるが，この相互関係は「切断」とはいわない。平面の大きさが無限，もしくは，平面が切断される立体よりも十分に大きく，平面が立体を完全に貫いて断ち切る場合，この平面と立体の相互関係を「切断」という。また，立体を切断するこの平面のことを「切断平面」といい，この切断平面で立体を切ったときに現れる実形の切り口のことを「断面」という。通常，立体の大きさは有限であるため，

必ず平面と交わるわけではない。したがって，平面と立体は，「交わらない」「接する」「交線をもつ」「切断」の4種類の相互関係となる。

多面体の場合の「断面」は，切断平面と多面体の辺との各交点を直線で結ぶことで得られる図形である。また，曲面をもつ立体の場合の「断面」は，切断平面と曲面をもつ立体の任意の位置の母線との交点を結ぶことで得られる図形である。つまり，多面体の場合は辺の直線と切断平面との交点を，曲面をもつ立体の場合は母線と切断平面との交点を求め，得られた各交点を結ぶことによって切断平面で切った断面が得られる。したがって，多面体であろうと，曲面をもつ立体であろうと，その立体の断面を求めるには，直線と平面との交点を求める方法によって求めればよい。

つぎに，多面体の切断と断面を求める手順の概要について説明する。

手順1　多面体と切断平面の関係を確認し，多面体と切断平面の交点を求める

多面体と切断平面の代表的な交点は，多面体の辺と切断平面との交点であることに留意するとよい。

手順2　手順1で得られた多面体と切断平面との各交点を用いて，多面体と切断平面との交線を求める

多面体と切断平面との交線は，手順1で得られた多面体と切断平面との交点を直線によって結んだ線であることに留意するとよい。ここで，得られた交線で囲まれた図形が，断面図形となる。ただし，断面図形は実形であるとは限らない。断面図形が実形の場合は，断面となる。

手順3　手順2で得られた断面図形から断面を求める

4.4節，7.3節で説明した副投影法を用いて，手順2で得られた断面図形から断面を求める。断面は実形図である必要があるため，切断平面の直線視図[†]に平行な投影面（基準線）を設定する。

もし，主投影図で切断平面が直線視図となっていない場合は，一

[†]　端視図，縁視図とも訳される。

度，副投影を用いて切断平面の直線視図を作図し，得られた直線視図から同様の手順で断面を求めることができる。

以上が断面を求める手順の概要であり，より具体的な手順については，例題10-1の解答で説明する。

例題 10-1

例題図 **10.1** の四角錐 V-ABCD を切断平面Πで切断したときの「断面」を作図しなさい。

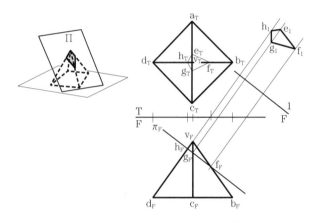

例題図 10.1 四角錐の切断と断面の作図

解答

（1）最初に，辺 VD と切断平面Πの交点を求めることを考える。この交点は正面投影面（F面）の図より，切断平面Πの直線視図 π_F と辺 VD の直線視図 $v_F d_F$ との交点 h_F として得られる。そして，この交点 h_F に対応する水平投影面（T面）での交点 h_T，すなわち，切断平面 π_T と辺 $v_T d_T$ との交点 h_T は，交点 h_F から基準線 T/F の方向に垂直にのばした対応線と辺 $v_T d_T$ との交点として求まる。

　　これと同様の手順で，切断平面Πと辺 VA，VB，VC の交点 E，F，G を，正面投影面および水平投影面について求める。

（2）つぎに，（1）で得られた交点 E，F，G，H を用いて，切断平面Πと四角錐 V-ABCD との交線を求めることを考える。まず，四角錐の側面 VCD と切断平面Πとの交線 GH は，側面 VCD の辺 VC，VD 上にある交点 G，H

を直線で結ぶことによって得られる。これにより，正面投影面および水平投影面における四角錐の側面 VCD と切断平面Ⅱとの交線 GH を得ることができる。

　これと同様の手順で，側面 VAB，側面 VBC，側面 VDA と切断平面Ⅱとの交線 EF，FG，HE を求めることができる。

（3）つぎに，四角錐 V-ABCD を切断平面Ⅱで切断したときの「断面」を求めることを考える。まず，断面は実形図である必要があるため，正面投影面において切断平面 π_F に平行な副投影面 1 を新たに設定する。新たに設定した副投影面 1 は，後述の例題図 11.1 の基準線 F/1 のようになる。このように基準線 F/1 が設定できれば，副投影面 1 に副投影する方法によって，交点 E，F，G，H を直線で結んだ四角形の副投影図（実形図）として「断面」を求めることができる。

10.2　相貫（立体と立体の相互関係・交わり）

　前述のとおり，**相貫**（intersection）とは立体と立体の交わりのことをいう。身近な相貫の例としては，自転車のフレーム（車体部）や水道やガスの配管，木造建築の軸組があげられる。**図 10.1**（a）より，自転車の車体部では，円

（a）　自転車のフレーム（車体部）　　　　（b）　木造建築の軸組

図 10.1　身の回りの「相貫」の例

柱と円柱の相貫が多用されていることがわかる。図（b）より，木造建築の軸組では，直方体と直方体の相貫が多用されていることがわかる。

以上の例のように相貫する立体を，**相貫体**（intersection of solids）という。また，立体のそれぞれの面要素と面要素の交線を**相貫線**（line of intersection），一方の立体の線要素がもう一方の立体と交わる点を**相貫点**（point of intersection）という。相貫体の作図では，各立体を構成する面要素と面要素の交線である相貫線の作図が重要である。ここで，線は点の集合であり，面は線の集合であることを思い出せば，相貫線は，一方の立体の面要素を構成する線要素と，もう一方の立体の面要素との交点の集合であることがわかる。つまり，相貫線を求めるためには，一方の立体の面要素上に適切に設定した線要素が，他方の立体の面要素を貫通する相貫点をすべて求めればよい。ただし，すべての相貫点を求めることは現実的ではないため，相貫点を複数求めてそれらを結ぶことで相貫線を作図できる。

以上が相貫の作図の概要であり，相貫は線要素と面要素，面要素と面要素の関係であるため，基本的な考え方と作図方法は 8.1 節，8.2 節の内容を応用すればよい。より具体的な手順については，例題 10-2 の解答で説明する。

例題 10-2

　例題図 **10.2**（a）の太い円柱と細い円柱の相貫線を正面投影面（F 面）に作図しなさい。

解答

（1）　まず，相貫線上の点を求めるために，水平投影面（T 面）の円（細い円柱）を等角度で等分する点 $a_T \sim l_T$ を与える（解答例の例題図 10.2（b）では例として 12 等分した）。

（2）　水平投影面の円を等分する点を，右側面投影面（R 面）の円の直線視図にも点 $a_R \sim l_R$ として作図する（解答例の例題図 10.2（b）では，点が重なる場合は投影面に近い点のみを表示する）。作図するこれらの点の位置情報は，水平投影面の線分 $d_T j_T$ から各点 $a_T \sim l_T$ までの距離と右側面投影面の点 d_R から各点 $a_R \sim l_R$ までの距離が等しくなることを利用すれば得られる。つぎに，作図した点 $a_R \sim l_R$ から垂直に補助線をおろし，太い円柱の円（実形図）との交点 $a'_R \sim l'_R$ を得る。

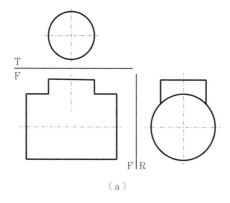

（a）

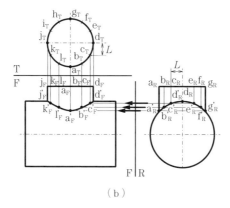

（b）

例題図 10.2 二つの円柱の相貫

（3） 正面投影面の相貫線を作図するうえで必要な情報が（1），（2）で得られたため，正面投影面の相貫線上の点を求める。例えば正面投影面の相貫線上の点 a'_F を求めるためには，水平投影面の点 a_T から基準線 F/T の方向に垂直に補助線を引き，また，右側面投影面の点 a'_R から基準線 F/R に直角となるように補助線を引き，この二つの補助線との交点 a'_F を求める操作を行う。同様の操作を行い，正面投影面の相貫線上の点 b'_F, c'_F, d'_F, j'_F, k'_F, l'_F を求める。

（4） 最後に，得られた相貫線上の点を滑らかにつないで相貫線を作図する。

章　末　問　題

【10.1】 問題図 10.1 の三角錐 V–ABC を切断平面 Π で切断したときの断面を作図しなさい。

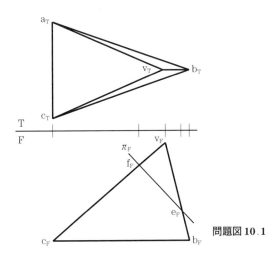

問題図 10.1

【10.2】 問題図 10.2 のように垂直に配置された円柱と斜めに配置された円柱とが相貫している。正面図の相貫線を作図しなさい。

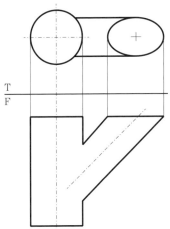

問題図 10.2

第11章　展　　　　開

　展開図は，家電製品やインテリアの金属製ケース，自動車のボディ，お菓子の箱やアパレル産業での衣服などの製作において必要不可欠な図である。家電製品のケースや自動車のボディ，衣服を開発・設計・製図する過程で，立体要素を平面要素で考えて設計および製作をする必要があるためである。

　また，展開図や展開は比較的身近な存在であり，幼稚園・保育園・小学校の図画工作の授業での箱や立体，折り紙の製作において，図形の展開を体験した人も少なくないと思う。

11.1　立体の展開（展開図）

　展開（development）とは，立体の表面を一つの平面上に連続的に開くことをいう。また，展開して得られた図を展開図という。展開図は，立体の辺や曲面の母線を軸にして面を広げることにより得られる。一方，展開図を立体に戻す場合は，展開図を辺や母線に沿ってつなぎ合わせることで，元の立体，もしくは，近似的な立体が得られる。

　図 11.1（a）に正四面体を，図 11.1（b）に正四面体を展開した展開図を示す。同様に，**図 11.2**（a），（b）に正六面体とその展開図を，**図 11.3**（a），（b）に正十二面体とその展開図を示す。図 11.1 より，正四面体は四つの合同な正三角形の平面から構成されていることがわかる。また，図 11.2 の正六面体は六つの合同な正方形の平面で構成され，図 11.3 の正十二面体は 12 枚の合同な正五角形の平面で構成されていることがわかる。このように多面体は平面で構成された立体であるため，展開図は図 11.1 ～ 図 11.3 の（b）のよ

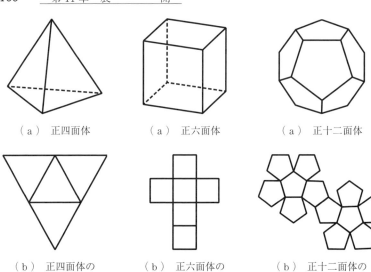

（a） 正四面体 （a） 正六面体 （a） 正十二面体

（b） 正四面体の
展開図

（b） 正六面体の
展開図

（b） 正十二面体の
展開図

図 11.1 正四面体 **図 11.2** 正六面体 **図 11.3** 正十二面体

うに平面である多角形が連続的につながったものとなる。

図 11.4 に，立体とそれを展開した展開図を示す。立体の表面を構成する各面は，実形で平面上に展開していることが同図からわかる。例えば，立体の面CDEF は，平面上の図形 $C_1D_1E_1F_1$ と同一形状，すなわち，合同であることがわかる。また，展開図の面 $C_1D_1E_1F_1$ の各辺 C_1D_1，D_1E_1，E_1F_1，F_1C_1 は，立体

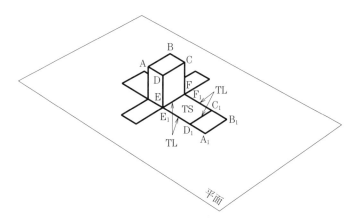

図 11.4 立体と立体の展開図

の面 CDEF の各辺 CD，DE，EF，FC に対して実長であることもわかる。さらに，展開図の面 $A_1B_1C_1D_1$ に注目すると，立体の面 ABCD と実形になっていること，展開図の各辺 A_1B_1，B_1C_1，C_1D_1，D_1A_1 は立体面の各辺 AB，BC，CD，DA の実長になっていることがわかる。

　これらのことから，立体の展開図を作図するには，展開したい立体のすべての面の実形を求める必要があることがわかる。また，展開したい立体のすべての面の実形が必要であるということは，展開したい立体の辺の実長を求める必要があることがわかる。したがって，立体の展開図を作図するためには，まず立体の辺や曲面の母線の実長を求め，得られた実長の情報から実形を求めればよいといえる。

　以上のように，単純な形状であれば，立体の各面の実長や実形を求めることで，比較的容易に展開図を作図することができる。また，複雑な形状であったとしても，基本の手法が理解できれば，複雑な形状の展開図を作図することも難しくない。

　ただし，立体には，形状を伸縮せずに正確に展開できる立体と正確には展開できない立体がある。正確に展開できる立体は少数に限定され，そのような曲面を**可展面**（developable surface）という。代表例としては，多面体，および角柱や円柱などの柱面をもつ立体，角錐や円錐などの錐面をもつ立体などがあげられる。一方，これら以外の多くの図形が正確には展開できない立体に含まれ，このような曲面を**非可展面**（undevelopable surface）という。代表例としては球やトーラス形（ドーナツ状の形状）の立体などがあげられ，これらの立体は近似的に展開する必要がある。

11.2　柱　面　の　展　開

　柱面をもつ代表的な立体は，三角柱や四角柱，円柱があげられる。三角柱や四角柱，円柱を想像すれば明らかなように，柱面をもつ立体は母線が中心軸に平行である。つまり，柱面をもつ立体の各母線どうしはたがいに平行になって

いる。したがって，母線の集合である柱面は，伸縮することなく同一平面上に正確に展開できる。

図11.5に円柱と円柱の展開図を示す。前述の説明のとおり，円柱の母線は中心軸に平行であるため，巻いた四角形の紙を開くように展開できることがわかる。そして，同図の円柱の展開図は，展開した柱面，および上面と底面の二つの円が同一平面上に離れることなく連続的に展開されていることがわかる。

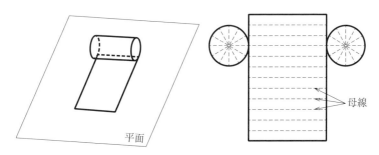

平面

母線

図11.5　円柱と円柱の展開図

以上が柱面の展開図の説明であり，具体的な展開図の作図の手順については，例題11-1の解答において説明する。

┤**例題11-1**├────────────────────────

例題図11.1の三角柱の展開図を作成しなさい。ただし，本例題では，側面の展開図のみの作図でよい。

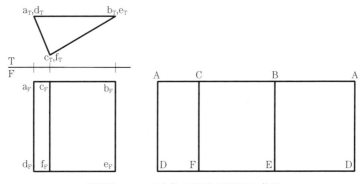

例題図11.1　三角柱の側面の展開図の作図

解答

（1） まず，水平投影面（T面），正面投影面（F面）の実長の直線を探す。実長になる条件より，水平投影面の $a_T\,b_T$，$b_T\,c_T$，$c_T\,a_T$，および正面投影面の3本の母線 $a_F\,d_F$，$b_F\,e_F$，$c_F\,f_F$ が実長となっていることがわかる。

（2） （1）より，水平投影面の a_T，b_T，c_T の距離から3本の母線間の距離がわかる。これにより側面の展開図の横方向の全長と位置関係の情報が得られたため，三角柱を展開したあとの母線 AD，CF，BE を作図する位置がわかる。これらの情報を用いて側面の展開図を作図する。

11.3　錐面の展開

　錐面をもつ代表的な立体は，三角錐や四角錐，円錐があげられる。三角錐や四角錐，円錐を想像すれば明らかなように，錐面をもつ立体すなわち錐体は母線が一つの頂点を通る。つまり，錐面をもつ立体の各母線は，一つの点から放射状になっている。したがって，錐面は母線の集合であるため，各母線を頂点を中心に広げることによって，一つの点を中心とする放射状の同一平面として正確に展開できる。

　図 11.6 に円錐と円錐の展開図を示す。前述の説明のとおり，円錐の母線は頂点から放射状になっているため，巻いた扇形の紙を開くように展開できることがわかる。そして，同図の円錐の展開図は，展開した錐面，および底面となる一つの円が同一平面上につながった状態で展開されていることがわかる。

　以上が錐面の展開図の説明であり，具体的な展開図の作図の手順については，例題 11-2 の解答において説明する。

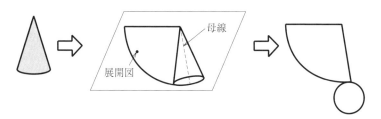

図 11.6　円錐と円錐の展開図

例題 11-2

　　例題図 **11**.2 の四角錐の展開図を作図しなさい。ただし，本例題では，側面の展開図のみの作図でよい。

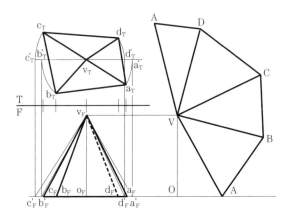

例題図 11.2　四角錐の側面の展開図の作図

解答

（1）　まず，水平投影面（T 面），正面投影面（F 面）の実長の直線を探す。実長になる条件より，水平投影面の直線 $a_T b_T$，$b_T c_T$，$c_T d_T$，$d_T a_T$ は，四角錐の底面の辺 AB，BC，CD，DA の実長になっていることがわかる。これで，側面の各三角形の底面の長さがわかったことになる。

（2）　つぎに，側面の各三角形の底辺以外の辺，すなわち，四角錐の稜線である辺のすべての実長を求めることを考える。

　　各辺の実長は，視線と直角をなす直線の投影図は実長になること，すなわち，基準線（投影面）に対し平行に配置されている直線の投影図は実長となることを応用することにより求めることができる。このことを四角錐の側面の展開に応用するには，まず，水平投影面の辺 $v_T a_T$ を頂点 v_T を中心に回転させることによって基準線 T/F に平行にする。この操作を実行するには，コンパスを使うとよい。具体的には，水平投影面の辺 $v_T a_T$ の長さに等しくなるようにコンパスを開き，頂点 v_T を中心とする円弧を描いて「辺 $v_T a_T$ の長さに等しく，かつ，基準線 T/F に平行な直線 $v_T a'_T$」を作図する。

　　つぎに辺 $v_T a_T$ の実長を導出するために，「基準線（投影面）に対し平

行に配置されている直線の投影図は実長になること」を応用し，正面投影面に直線 $v_T a'_T$ を投影する。具体的には，水平投影面の点 a'_T から T/F に直角な対応線を引き，その対応線と正面投影面で直線視図になっている四角錐の底面の延長線との交点 a'_F を求め，正面投影面の頂点 v_F と交点 a'_F を結んだ直線 $v_F a'_F$ を作図する。この得られた直線 $v_F a'_F$ の長さが，四角錐の辺 VA の実長となる。

（3）（2）と同様の操作を，水平投影面のほかの辺 $v_T b_T$，$v_T c_T$，$v_T d_T$，に対して実施し，四角錐の辺 VB，VC，VD の実長となる正面投影面の直線 $v_F b'_F$，$v_F c'_F$，$v_F d'_F$ を作図する。

（4）つぎに，四角錐の側面の展開図を作図することを考える。（1），（2），（3）により四角錐のすべての辺の実長がわかったため，四角錐の側面の展開図を作図することができる。

　　まず，展開図の頂点 V を適切な位置に作図する。つぎに，コンパスを使い，四角錐の側面 VAB の実形の三角形を作図する。三角形の作図においては，水平投影面の $a_T b_T$，および正面投影面の $v_F a'_F$，$v_F b'_F$ の長さでコンパスを開き，三角形の作図を行う。同様の手順によって，ほかの四角錐の側面 VBC，VCD，VDA の実形図を作図する。作図の際は，四角錐の側面の展開図となるように，側面 VAB，VBC，VCD，VDA の対応する辺を接続させ，連続した同一平面となるように作図する。

11.4　曲面の近似展開

　球やドーナツ形状の曲面は非可展面であり，伸縮を伴わずに正確に同一平面上に展開できない立体である。そのため，このような曲面を持つ立体を展開するために，曲面を小さく区切った区間に分けて近似的に展開して接続する方法が使われる。この方法では，曲面を複数の小さい三角形，もしくは，四角形の平面に細分して近似して展開することが多い。また，この方法は，コンピュータゲームやスマートフォンのゲームアプリ，映画にも使われる 3D-CG の生成で用いられる。そのため，この図学の分野で発明された曲面の近似展開の手法や知識は，ゲームや映画の世界で広く活用されている。

　非可展面の代表的な近似展開の方法としては，錐面近似と柱面近似の2種類

があげられる。この方法の違いは，展開した平面のつなぎ方の違いといえる。詳細には，錐面近似は，展開したい曲面に対して小区間ごとに円錐を外接させて，近似対象の曲面に近似した平面を求める方法をとる。一方，柱面近似は，展開したい曲面に対して小区間ごとに円柱を外接させて，近似対象の曲面に近似した平面を求める方法をとる。

　図 11.**7** は，球の近似展開の例であり，錐面近似により近似展開したものである。**図 11**.**8** も同様に球の近似展開の例であり，柱面近似により近似展開したものである。図 11.7 の錐面近似では，球を等角度の緯度線で横方向に切り等角度の経度線ごとに分割して四角形もしくは三角形に近似して展開している。図 11.8 の柱面近似では，球を等角度の経度線に沿って中心軸を通るように縦方向に切って展開した形状を連ねたものが展開図となる。つまり，球を等角度の経度線に沿って縦方向に切り，等角度の緯度線ごとに四角形もしくは三角形に近似し，分割して展開すると展開図が完成する。これらの球の近似展開は，柱面近似では地球儀用の貼合せ地図で多く見られる。また，錐面近似に近い展開では，球形ガスタンクの外殻構造体の設計などでしばしば見ることができる。

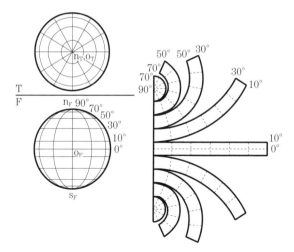

図 11.**7**　球の錐面近似による近似展開

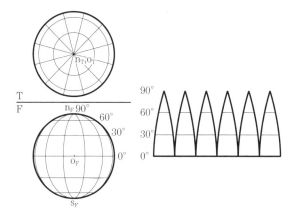

図 11.8　球の柱面近似による近似展開

章　末　問　題

【11.1】　**問題図 11.1** に示す三角柱 ABC-DEF の展開図を作図しなさい。

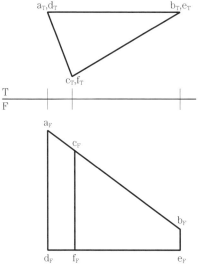

問題図 11.1

【11.2】　**問題図 11.2** に示す三角錐 V-ABC の展開図を作図しなさい。

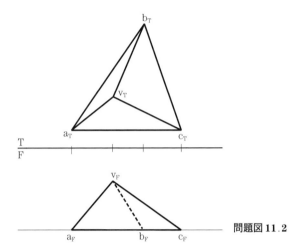

問題図 11.2

参 考 文 献

　本書を執筆するにあたって，下記の著書を参考にさせていただいた。これらの著者に感謝申し上げたい。

1）　原　正敏：図学 ―第三角法による― （最新機械工学講座），産業図書 （1967）
2）　田中　保：図学，廣川書店 （1964）
3）　大久保正夫：三訂新版 第三角法による図学，朝倉書店 （1986）
4）　福永節夫 （編）：図学概説 三訂版，培風館 （1985）
5）　川北和明 （編著），竹之内和樹，平野重雄，有吉省吾，永江　聡，松井　悟：総合図学・製図，朝倉書店 （1999）
6）　岩井　實，石川義雄，喜山宜志明，佐久田博司：基礎応用 第三角法図学　第2版，森北出版 （2006）
7）　伊能教夫，小関道彦：例題で学ぶ図学 第三角法による図法幾何学，森北出版 （2009）
8）　磯田　浩，鈴木賢次郎：工学基礎 図学と製図 第3版 （サイエンスライブラリー工学基礎1），サイエンス社 （2018）
9）　磯田　浩，鈴木賢次郎：演習 図学と製図 第2版 （サイエンスライブラリー工学基礎1），サイエンス社 （2019）
10）　松井　悟，竹之内和樹，藤　智亮，森山茂章：初めて学ぶ 図学と製図，朝倉書店 （2011）
11）　住野和男：わかりやすい 図学と製図，オーム社 （2011）
12）　西原一嘉，西原小百合，森　幸治，宇田　豊：基礎から学ぶ 図学と製図，電気書院 （2013）
13）　阿部浩和，榊　愛，鈴木広隆，橋寺知子，安福健祐：実用図学，共立出版 （2020）
14）　E.G. Paré, R.O. Loving, I.L. Hill, and R.C. Paré：Descriptive Geometry, 9th ed., Prentice Hall （1997）
15）　難波　誠：平面図形の幾何学，現代数学社 （2008）
16）　黒須康之介：平面立体 幾何学 （新数学シリーズ2），培風館 （1957）
17）　秋山武太郎：わかる幾何学 （わかる数学全書3），日新出版 （1959）

18) 大村　平：図形のはなし 同相・相似・合同，日科技連出版社（1979）

19) 大村　平：幾何のはなし 論理的思考のトレーニング，日科技連出版社（1999）

20) 日本図学会（編）：図学用語辞典，森北出版（2009）

21) 日本図学会（編）：図形科学ハンドブック，森北出版（1980）

22) 東海図学研究会（編著）：空間構成・表現のための図学，名古屋大学出版会（1996）

23) 小川恒一，西原小百合，西原一嘉：改訂 演習 図学と製図，電気書院（2006）

24) 磯田　浩，鈴木賢次郎：図学入門 コンピュータ・グラフィックスの基礎，東京大学出版会（1986）

索　　引

―――著 者 略 歴―――

平野　元久（ひらの　もとひさ）
1980 年　名古屋大学工学部機械学科卒業
1982 年　名古屋大学大学院工学研究科修士課程
　　　　修了（機械工学専攻）
1982 年　日本電信電話公社（現日本電信電話株
　　　　式会社）勤務
1989 年　工学博士（名古屋大学）
1998 年　博士（理学）（東京大学）
2003 年　岐阜大学教授
2014 年　法政大学教授
　　　　現在に至る

専門はトライボロジー。本書第 1 章～第 9 章お
よび Web 付録を担当。おもな著書として，
「Superlubricity, 2nd Edition (Elsevier, 2020)」，
「Friction at the Atomic Level: Atomistic
Approaches in Tribology (Wiley-VCH, 2016)」。

吉田　一朗（よしだ　いちろう）
2000 年　明治大学理工学部機械情報工学科卒業
2002 年　明治大学大学院理工学研究科博士前期
　　　　課程修了（機械工学専攻）
2003 年　明治大学理工学部助手
2006 年　独立行政法人科学技術振興機構研究員
　　　　長岡技術科学大学勤務
2008 年　明治大学大学院理工学研究科博士後期
　　　　課程修了（機械工学専攻）
　　　　博士（工学）
2008 年　株式会社小坂研究所 精密機器事業部
　　　　開発企画チーム課長
2016 年　法政大学専任講師
2018 年　法政大学准教授
2019 年　法政大学教授
　　　　現在に至る

専門は計測工学，データサイエンス，設計工学。
本書第 10 章，第 11 章を担当。おもな著書として，
「改訂版 切削・研削・研磨用語辞典（日本工業
出版，2016）」，「製品の幾何特性仕様―くさび形
体―第 1 部：角度及び勾配の基準値（日本規格
協会，2017）」。

わかる図形科学
Descriptive Geometry

© Motohisa Hirano, Ichiro Yoshida 2022

2022 年 5 月 6 日　初版第 1 刷発行　　　　　　　　　　　　　　　　★

検印省略	著　者	平　野　元　久
		吉　田　一　朗
	発 行 者	株式会社　コロナ社
	代 表 者	牛 来 真 也
	印 刷 所	壮 光 舎 印 刷 株 式 会 社
	製 本 所	株式会社　グリーン

112-0011　東京都文京区千石 4-46-10
発 行 所　株式会社 コ ロ ナ 社
CORONA PUBLISHING CO., LTD.
Tokyo Japan
振替00140-8-14844・電話(03)3941-3131(代)
ホームページ　https://www.coronasha.co.jp

ISBN 978-4-339-04677-9　C3053　Printed in Japan　　　　　　（新井）

新塑性加工技術シリーズ

(各巻A5判)

■日本塑性加工学会 編

定価は本体価格+税です。
定価は変更されることがありますのでご了承下さい。

図書目録進呈◆